墨妙亭丛书

太仓食韵

太仓市融媒体中心　编

苏州新闻出版集团
古吴轩出版社

图书在版编目（CIP）数据

太仓食韵 / 太仓市融媒体中心编. -- 苏州 : 古吴轩出版社, 2025. 4. -- (墨妙亭丛书). -- ISBN 978-7-5546-2657-3

Ⅰ. TS971.202.534

中国国家版本馆CIP数据核字第2025XJ2283号

责任编辑： 李爱华
见习编辑： 李　楠
责任校对： 张雨蕊
装帧设计： 杨　洁
责任照排： 白　杨

书　　名： **太仓食韵**
编　　者： 太仓市融媒体中心
出版发行： 苏州新闻出版集团
古吴轩出版社
地址：苏州市八达街118号苏州新闻大厦30F
电话：0512-65233679　　　邮编：215123
出 版 人： 王乐飞
印　　刷： 苏州恒久印务有限公司
开　　本： 880mm×1230mm　1/32
印　　张： 7.5
字　　数： 117千字
版　　次： 2025年4月第1版
印　　次： 2025年4月第1次印刷
书　　号： ISBN 978-7-5546-2657-3
定　　价： 48.00元

编委会

墨妙亭 Pavilion Momiao

献给三十年里——
用笔墨煨热人间烟火，
以碗筷丈量江海春秋之人。

出版前言

地处江尾海头的太仓，既有大江入海的大气磅礴，又有江南水乡的温婉可人。这里有四季分明的宜人气候，有江海河三鲜的舌尖美味，有小桥流水、粉墙黛瓦、绵延千年的文化古镇，有“祖孙宰相”“两世鼎甲”的昌盛世家，有享誉全国、文人气息浓郁的娄东画派……太仓，这座古老而充满历史韵味的小城，不仅有着浓厚的烟火气息，还蕴含着丰富的诗意生活。这里以其独有的物华天宝，彰显了一方的人杰地灵，也给江南文化的传承提供了丰沃的土壤。

1996年7月1日，《太仓日报》创刊。创刊伊始，即将文学副刊定名为“墨妙亭”。墨妙亭，实有其亭，现位于太仓公园（亦名弇山园）内，所在地为明代文学家张溥故居——学山园旧址。墨妙亭后壁嵌有按明代拓本重刻的赵孟頫《归去来辞》碑，以及褚遂良《枯树赋》碑、赵孟頫《重建海宁禅寺》碑等石碑9块。“墨妙”，既指书法作品的精妙，也蕴含着以书法为载体的作品内容妙不可言之意。《墨妙亭》这一文学副刊既是对太仓厚重文化底蕴的传承，也是与时代同步、与人民共情的平台，深得文学爱好者和广大读者的青睐。

在《太仓日报》创刊30周年即将到来之际，太仓市融媒体中心为提升“墨妙亭”品牌影响力，展现太仓厚重的文化底蕴及经济社会发展的时代风貌，携手古吴轩出版社，从《墨妙亭》副刊创刊以来所刊发的散文、诗歌等4000多件文学作品中优中选精，遴选了近300篇精品力作结集出版。墨妙亭丛书1套共5种，分为美食、文旅、人物、风俗、杂记五大主题。由于主题限制，很多优秀作品未能入选，挂一漏万，实属难免。

在此，我们衷心感谢为本册图书作序的文坛大家范小青老师的首肯与推介；感谢古吴轩出版社的编辑为这套丛书的顺利出版，在编校、设计等方面所做出的辛勤付出。同时祝贺入选作品的作者，并希望根植于太仓大地的作家、诗人及文学爱好者们回应时代之变，传播太仓声音，讲好太仓故事，开辟出文学发展的广阔天地。

我们有理由相信，在各方的倾力支持和鼎力相助下，这套丛书所承载的太仓元素、弘扬的太仓精神，定能走出幸福金太仓，迈向精彩大世界。

太仓市融媒体中心

2025年3月

序

范小青

苏州人讲究吃，这是不容置疑的。讲究吃，首先得是有的吃，这是前提条件，倘若是一个野猫勿拉屎的地方，是那种寸草难长的不毛之地，想吃也没的吃，讲究就更讲究不起来了。

太仓，就是一处可以恣意地、尽情地讲究吃的宝地，这里物产丰饶，兼具江南水乡特色与江海资源。长江岸线有“长江三鲜”——刀鱼、鲥鱼、河豚；境内河网密布，盛产大闸蟹、清水虾等优质水产；农业种植方面更有国家地理标志产品——太仓白蒜，新毛芋艿以香糯细腻闻名，太仓肉松工艺享誉全国……

老百姓有的吃，就会吃得讲究，吃得“嗨”，吃出名堂，吃出名气来。

这本书收录了《墨妙亭》副刊上的近五十篇写太仓美食的美文，读来怎不让人馋涎欲滴，心驰神往？

美文写美食，许多文章汇集在一起，真是琳琅满目、应有尽有，可谓是多角度、多品种、多滋味、全方位。

这许多与太仓有关的食物，聚拢在一起，香气溢出了字里行间，作者笔下的美食，如同一个个美妙的音符，在每一篇、每一个章节里流淌着、跳跃着，搅动了我们的味蕾，也牵引了我们的思绪。

一年四季春夏秋冬，季季有物，月月有产，日日有食，春天塘鳢鱼，夏天摸螺蛳，秋天糖桂花，过年煮猪头。

精准的文字传递出五彩缤纷，有的是专注描写美食的烹饪制作：

带“糟”的小菜，是太仓的物色，历史悠久。“糟食原料广泛，尤以猪爪、舌、肚、鸡、鸭、鱼、虾、毛豆、萝卜等较为适宜。糟鲥鱼、糟钵头、糟熘鸭三白、糟蟹、糟熘鱼片、糟泥螺等都是历史名菜。”（《川糟鱼》）

“把毛豆烧酥了盛到碗里备用。同时把蟹洗干净，切成两段，剔除蟹胃。往锅里倒入半盅菜油，加热后，有条不紊地将蟹段摆放进去，用铲刀翻炒几下，再加入生姜、葱、老酒、酱油、盐和水……最后倒入毛豆，一起煮一下，一大碗毛豆炒蟹便做好了。”（《夏天的回忆》）

有的生动描述捕鱼捉蟹过程中的乐趣：

“相比而言，要钓那种狡猾、老到的壮蟹，就没那么容易了。它们身体里有的是油水，几天不吃恐怕也不会感到饥饿。你把蚌肉放到洞口，它们即使闻到了肉味，往往也会表现得若无其事，无动于衷。”（《钓蟹》）

“听到喊声，曹家宅基、唐家宅基等地的人纷纷响应。于是‘赶鱼’的队伍越来越壮大，浩浩荡荡。”（《看“赶鱼”》）

有的则是从吃引申到人生的经历和感悟：

“无论是在城里还是乡下，无论是自己动手包粽子还是在超市里买现成的，返璞归真的端午节杀菌驱邪的原始气息依旧会弥漫在空气中，当然也弥漫在我的心中。”（《儿时眼中端午节》）

“它虽然未曾被古代文人像对傲霜斗雪的菊、梅二君子那样特别钟情礼赞，但它在严冬还兀自葱绿，矮墩墩地贴紧泥地，让绿意充塞萧条的空间。它肥厚坚实、菜叶翠墨淋漓，很是水灵秀气。它的谦卑，很像胼手胝足的乡下种菜老人，明明是关乎吃喝的大事，却表现得清淡质朴，低调得要命。我从内心里喜欢这种低调，更喜欢它如人一样的清淡质朴。”（《菜帮浓情》）

这许多文章，新鲜生动，十分接地气，有代入感，读着读着，读者也会回到童年，也会回味美食的滋味和人生的滋味。

这些文章还有一个特点，它们并不是单纯地写太仓的美食，大多与人生、与场景紧紧相连，比如有的文章写了风景与美食的关系：“从里向外看，都是镶了框的画，而路过窗台之下的人，便成了画中的风景。坐在石柱的吊脚楼里喝茶，夏风吹开碧螺春，特别地水清茶香。”（《夏日绿豆汤》）

也有特殊的场景与美食相映衬：“古稀之年的我品尝过各种枇杷，但总觉得童年时在毕状元府后花园里吃到的枇杷味道最好。变迁的城市，不变的记忆。留恋童年的时光，难忘童年的记忆。”（《状元府里吃枇杷》）

这本书，几乎是一本小小的太仓美食全书，那些有着鲜明太仓印记的，如太仓肉松、太仓糟油、太仓白蒜、太师饼等无不上榜；同时也不乏平常的、日常的食物，如粽子、青团子等，也有到如今难得看到的甜芦稷之类；既有著名的品牌肉松、糟油，更有普通朴素的大麦粥、小杂鱼、咸菜，也都上得了台面，展示出太仓美食的丰富多样。

这些物产美食，既承载着江南农耕文明，也延续了江海交汇之地的鲜美滋味；既是普通百姓的普通生活，也是江南文化的精致体现。

于是，太仓的美食，在这里完美地组成了一幅食物风情画，是动静结合的，是香气四溢的，是令人浮想联翩的。篇篇文章，串联起了种种美味，让读者一次看了个够，品尝个遍，很是过瘾。

目　录

/童心拾忆：时光流转的味道

/市井百态：烟火人间的故事

／传统食韵：岁月传承的风味

四季流鲜

太仓味蕾的探索

一年四季春夏秋冬，季季有物，月月有产，日日有食，春天塘鳢鱼，夏天摸螺蛳，秋天糖桂花，过年煮猪头。

春天里

月　琴

新年过后连日阴雨绵绵，远望天地之间一片灰蒙蒙，空气也都湿答答的，似乎能捏出水来。“春风尔来为阿谁，蝴蝶忽然满芳草。”三月的春日在我们的热盼中姗姗来迟，当明媚的阳光温柔地吻醒万物时，世界刹那间生动鲜活起来了。草长莺飞，桃红柳绿，花香鸟语……春天的气息迎面扑来，最喜悦的莫过于那些在翠绿的草坪上嬉笑追逐的孩子们，他们褪去了冬日笨重的棉衣，欢快地在阳光下尽情释放久困的身心，而大人们或慵懒地躺在帐篷前闭目养神，或手牵着风筝线专注地遥望着蓝天下悠悠摇曳的“长蜈蚣”或“花蝴蝶”。

小时候最喜欢的也是暮春时节，待到油菜花开成一片金灿灿的海洋时，小伙伴们犹如惊蛰过后的虫子，经过漫长冬季的蛰伏，突然被春天的气息震醒了，兴高采烈地相约去找寻各种野趣。其中最难忘的当然要数“养”蜜蜂和抓土婆鱼了。

“养”蜜蜂需要找那些年代久远的房子，彼时江南农村已大多是水泥砌建的楼房，那种只用砖头泥土堆砌的老房子一般是圈养牲畜的辅房，低矮破旧，红色的砖头裸露在外，砖头墙缝的泥巴间到处可见黑深的小洞，那是蜜蜂们的密室。这时，去屋后竹林里折枝细长的竹枝，拿个玻璃的或塑料的小瓶，瓶口对着那个小洞，用竹枝小心翼翼地伸进洞里，轻轻地挑动几下，似乎能听到里面窸窸窣窣的声音，不久蜜蜂就会从小黑洞里惊慌失措地逃出来，迎头钻进小瓶里。继续用竹枝捣进去，又会有蜜蜂逃出来钻到小瓶里。然后再塞几朵怒放的油菜花进去，让它们在瓶里采蜜。那时总也想不明白，在这拥挤狭小的空间里，它们是怎么安然相处的。掏完这个缝隙就耳目并用继续寻找，整个下午可以把老房子的三面土墙全部搜完，但一般以西墙收获为多，可能是因为那里阳光更充足。

装在小瓶里的蜜蜂振动着翅膀，发出沉闷的嗡嗡声，对近在咫尺的油菜花视而不见，只是不停地试图逃离这个狭小的囚笼。而那时的我们竟然对此无动于衷，眼睁睁地看着它们奋翅挣扎。我们随身带着小瓶子，上课时也会偷偷从桌洞里掏出瓶子察看那些可怜的小精灵，课后则飞快地冲向教室外的田间，换些新鲜的油菜花。现在看来这样的游戏太过残忍了，以自己喜欢为借口，剥夺了无辜小精灵的自由甚至生命，未免太自私了！

抓土婆鱼则是我们年少时的又一乐趣。也真奇怪，每逢油菜花盛开的时节，江南水乡的桥头石缝里随处可见这种长相呆笨的土婆鱼。午后，静静地蹲守在水桥边，此时明亮的阳光透过河边茂盛的枝叶，在宁静的河面上投下片片斑驳的树影，细细望去，沉在水中的石板缝隙里隐隐约约地潜伏着几尾食指大小的土婆鱼，用双手轻轻地伸入水中从后背拢过去，土婆鱼受惊后突然掉头游窜，此时双手快速收拢，它就只能在手心乱蹦了。刚被放入装满河水的白瓷碗中时，它们先在碗里急急忙忙地游窜一番，然后安静下来，一动不动地待着。此时，捞一两株水草丢入碗中，再找几粒鹅卵石铺在碗底，白的碗、绿的草、黑褐色的鱼，赏心悦目，俨然就是一个独立的水中王国。

土婆鱼不但矮胖笨拙，而且记性极差，只要在水桥边耐心守候，不久，它们便又会游过来，潜伏在石隙间。清明前后，土婆鱼体肥子满，用它来炖蛋简直是难得的美味。当手捧白瓷碗回家，一路上看着土婆鱼在水草间或缓缓游动或潜伏不动，那种喜悦幸福不言而喻。

直至今日，我才知道土婆鱼的学名为“沙塘鳢”，是一种淡水小型食肉鱼。其肉质鲜嫩，营养丰富，有滋补益筋骨等功效，与螺肉、河虾、竹笋、春韭并称为“江南五大春菜名鲜”。尤其在上海世博会期间，在招待各国元首和贵宾的国宴上，一道“荠菜炒沙塘鳢鱼片”更是让它名声大振。只是当时的我们哪里会想到原来名不见经传的野菜、野鱼日后会身价倍增呢？可惜如今的江南水乡已难觅其踪影了。

三十年弹指一挥间，当年在春光下撒欢疯玩的情景仍历历在目，只是土墙、水桥、少年都已不复存在了。但这又有何妨呢？古人云："草长莺飞二月天，拂堤杨柳醉春烟。儿童散学归来早，忙趁东风放纸鸢。"春天是适合儿童放松身心的季节，那么不如趁着春光正好，放下俗世间所有的烦恼焦虑去踏青吧，就当自己依然是那个贪玩不惧未来的孩童吧！

2019年3月23日

吃在春天

张新文

“竹外桃花三两枝，春江水暖鸭先知。”立春过后，人们还没从过年的喜庆氛围中缓过神来，春天就在燕子的呢喃声里翩然而至了。

花红柳绿、草长莺飞，乡村的春天是原汁原味的春天。温柔的风儿不时地亲吻人们的面颊，扯着你的衣襟邀你到田间地头去嗅一嗅春天的味道。此时，只要你带上竹篮、小铁铲就能把大自然馈赠给我们的礼物捎回家。记得小的时候，一到春天，母亲就忙开了，到田里挖荠菜、野油菜、小蒜

（其实是一种野葱，我们那里的村民一代传一代的叫法就是“小蒜”）……在那物资匮乏的时代，在那青黄不接的春天，经过母亲的巧手制作，我们一家也能吃到有滋有味的荠菜饺子、清炒油菜；小蒜自然是切碎，与面粉一起和成面团做成薄饼，吃起来清香爽口，别有一番风味。

春天到处是美食。家里来了客人，主人又没时间上街购买食材时，庄户人家便会喊来孩子，孩子则会挎着篮子，拿着长长的竹竿，一蹦一跳地出门去了。不用太长时间，孩子就回到家里，只见篮里有河蚌、槐花、香椿叶。孩子的母亲会从菜园里拔些大蒜，因为煮河蚌是少不了大蒜的。洁白的槐花清蒸片刻，取出后放凉，无论是凉拌还是回锅小炒，都是绝佳的菜肴。食入口中，味如虾仁，但又多了种甜香味。香椿叶炒鸡蛋是我们这一方水土养育的一方人款待贵客的上等菜肴。一到春天，香椿树就开始发芽，当芽长出两三厘米长时，人们会把收集起来的鸡蛋壳，用有孔的一端套在香椿树的嫩芽上。这样香椿芽就会依蛋壳的形状生长，由于终日不见阳光，香椿叶变得鲜嫩饱满。我的一个老乡，曾

用相机把一香椿树挂满蛋壳的情景拍了下来，到南方城市打工时，拿出来给工友们看，说："谁不说我家乡好，我们那里的树上都能'结鸡蛋'！"引得他人一阵羡慕，虽然他们不相信，但也解不出其中的奥秘。

春天里，雨是勤快的。春雨在春风的护送下，斜斜地、密密地下着，不停地滋润着干渴的土地及土地上生长的万物。于是，这一汪、那一洼地积起水来；渐渐地沟满渠满，水便从高处流向低处，开始奔跑起来……俗话说"有水就有鱼"，雨天是男人们捕鱼的时候，他们将装农用尿素的塑料袋披在上身，头戴草帽，背着渔网鱼篓，赤脚消失在绵绵的细雨里……乡村沟里、塘里鱼多虾多，早些年捕到小龙虾都没人要，又都被重新投放到水里。逐渐地，小龙虾在乡村就多了起来，几乎达到泛滥的地步。也不知从哪一年开始，城里人喜爱上了小龙虾，随处可以见到"龙虾一条街"。现在，吃小龙虾的人越来越多，小龙虾却越来越少，还真有点担心小龙虾会被人给吃绝呢!

雨天吃鱼是村庄最平常不过的事，平常得犹如一日三餐。可是，由于我的父亲不会捕鱼，一到雨天，母亲总会念叨他几句，而父亲只是傻傻地笑……有天早晨，母亲打开门，发现门前有三四条大鲇鱼。母亲心想，天空下雨不会“下鱼”吧？正当母亲疑惑的时候，只见家里养的大花猫嘴里叼着鱼回来了。母亲噙着泪水，将大花猫抱在怀里，用手不停地擦拭大花猫身上的雨水。原来，大花猫在一条灌渠的出水口，专捕那些喜爱戏水的鲇鱼。这只猫是父亲赶集时捡回的流浪猫，父亲很喜欢它，我们吃什么就给它吃什么，每晚它都是睡在父亲的被窝里，像个孩子一样。从那时开始，我们家也有了捕鱼能手，雨天别人家能吃到鱼，我们家也同样能吃上鱼，而且再也听不到母亲唠叨父亲的声音了。

春天里，我们从花儿、草儿、叶儿、鱼儿的美食中，深切感受到了大自然的博爱和奉献，那么，我们是否也能从大花猫的身上学会感恩和回报呢？大自然也是有生命的啊！

2019年3月30日

蒜香飘飘

病　梅

迎着五月的阳光，踏上太仓的乡村，都会感受到一股浓郁辛辣的香味扑鼻而来，此为何香？蒜香。

太仓是白蒜的故乡，家家户户都种蒜，多的五六亩，少的也有二三亩。暮春，阳光煦暖，绿草茵茵，蒜薹葱茂，人们带着笑，含着情，跨入田间，尽情呼吸着蒜地里那股特有的气息。沉甸甸的蒜薹低头弓腰，蒜农们一边劳作，一边望着那青青翠翠的蒜田，那情那景，恰如慈母与婴儿、教师与学生，充满了爱，充满了希望。芒种时节，蒜农们又忙着起蒜头，削须穿梗，一道道工序换来了一串串大白蒜，农舍檐下，挂满了成串成串的白蒜，大的似拳头，小的如核桃，像吊灯，像珠帘，是一片最新最美的装饰。如今的农户大多造了楼房，廊间开阔高爽，挂满了白蒜，层层叠叠，如一串串葡萄。夏风中，缕缕蒜香飘来，令人心醉。

太仓白蒜以个大色白而闻名海内外，蒜薹一般是内销，蒜头大多出口，蒜香飘飘，飘到日本、东南亚及欧美各国。收购时节，蒜农们骑着自行车、拉着拖车、开着拖拉机、驾着小船，把收获运往各个收购点，从早到晚，人来人往，络绎不绝，蒜薹堆成了青山，蒜头堆成了银山。

哦，蒜香飘飘，这袅袅的蒜香让世界更了解蒜乡太仓。

1996年9月6日

捉攻水鱼

张圣清

据气象部门报告，今年6月上旬已经入梅，要比往年提早一个多星期。随着黄梅季节到来，雨水也多起来了。古诗有“黄梅时节家家雨”的描绘。这样的自然环境，不禁使我回想起幼年时捉攻水鱼的趣事。

种田人都有这样的体验：刚栽插不久的秧苗，经不起大水浸泡，逢大雨来，就要用最快的速度把田间的深积水排掉，以保护稻苗。听老农讲，黄梅季节田间积水有咸涩味，排入河中，鱼就会感到瘙痒，尤以鲫鱼、鳌鲦（一种条状小鱼）特别敏感，它们会成群结队地拼命朝排水口方向逆流游去，水流越湍急，鱼儿们游得越欢。说来也很神奇，有些排水阳槽口悬空于河面三四尺高，而且呈垂直状，可鱼儿们游啊游，突然发力，竟能穿过水帘一跃而上，再继续奋力往前，循着田间开着的缺口，游入一片片稻田。说怪也怪，这些耗费了很大力气攻水攻到稻田里的鱼宝贝们，待了不久，似乎发觉稻田不及河里活动自由，不是它们的久留之所，于是就又回头折返，顺水流游向渠道、阳槽，最终游回河中。人们掌握了鱼儿这一活动规律，就在沿河排水的阳槽口张上网兜或竹篓，等待着回程的鱼儿上网进篓。

我从小就喜欢捉攻水鱼这玩意儿，冒着嗖嗖直下的雨珠，身披蓑衣，头戴箬帽，挽起裤腿，赤着双脚，耳畔伴随着阵阵蛙鸣和哗哗的水流声，目不斜视地守候在河边阳槽口边。每当收起网兜或竹篓，见到那活蹦乱跳的鲜鱼，心里别提有多高兴了！拿回家加工烹调，一饱口福，真是回味无穷！后来在农村蹲点工作时，也和当地的一些青年小伙捉过这玩意儿。尽管有时被雨水淋得像只落汤鸡，才捉到几条

“猫鱼”，可心里总感到乐滋滋的。如今逢到黄梅季节连续下雨，就会想到捉攻水鱼的事，真想再尝试一下，尝尝这久违的乐趣。可眼下鱼塘都有专人承包经营，防范措施做得好，那些想攻水的鱼儿恐怕也已经没有了施展本领的天地了。再说自己又是一大把年纪了，经不起风吹雨淋，于是只能在饭桌上“捉”鱼了。但幼年时的记忆，却深深地烙在心灵深处，没齿难忘啊！

2008年6月21日

大麦粥

沈成嵩

夏日炎炎，连日来气温高达三十六七度，整天里汗水淋漓，喝什么都不解渴，吃什么都不开胃。这时结了一层膜的凉大麦粥，就成了一家老小最喜爱的食物。

下班归来，脸晒得通红，脚热得烫人，冲冲凉，揩把脸，坐在电风扇下捧起大麦粥碗，就两根酱瓜，都不用筷子，就这么咕噜咕噜一顿喝，顿时汗水止了，心火消了，浑身上下凉津津，真是两碗大麦粥下肚，比做神仙都快活。它防暑、降温、填饥、解渴，是任何美味佳肴和冷饮食品所不能替代的。

传说乾隆皇帝下江南微服私访，吃了农家的大麦粥，曾御封其为“珍珠汤”，可回宫后命御膳房专做，却再也做不出当初在又饥又渴的情况下喝农家大麦粥的那种滋味来。

新中国成立前，江南农民吃大麦粥，主要是为了熬饥，而不是为了解渴。那时候，整年整月地看不见肉星子、油花子，是饥肠而不是什么肥肠，大麦粥喝多了就刮油，就烧心，就反胃，还吐酸水，但不吃又无法度日，是不得已而食之。在饥饿线上挣扎的农民最难过的是熬春荒。“桃红李白食无粥”，但穷人有穷办法，清明吃红花草，谷雨吃莴笋，立夏吃青蚕豆，小满开镰就吃大麦饼、喝大麦粥了，这是江南农家从春荒到夏熟的“四级跳”。有一首江南民歌唱得好：“清明时节红花开，嫩炒的秧草赛瓜菜；蜂飞舞，笋抽薹，凉拌莴笋能填饥怀，采完蚕豆大麦熟，百日春荒熬过来。”当然了，一个“熬”字，就包含了个中的千辛万苦。

1996年8月9日

我的芸豆

史小溪

这就是我播种下的芸豆吗？它居然悄悄长起来了，居然爬过房檐下的那几棵小竹竿，攀上那高高的房檐顶端。菱形的绿叶间，淡青的茎蔓上，挂着一串串交织起来的洁白的、晕黄的、淡紫的、橘红的小花。丝丝水灵灵的荚，在叶片下，在茎隙间，羞涩地藏着，拥挤地缀着。挨着胚部的几串荚显然已早熟了，黄黄的……

面对着它，我的心真有些颤动了。我可怜的芸豆！

我真不知该说些什么才好！有你这般的吗：被人久久

遗忘，却还能结出如此饱满丰硕的果？诚然，它是那般纤细，不比邻里菜园绿油油的茂，可我又能对它怨艾什么呢？人家舍得本，舍得气力，料理成一排排瓜棚式的架子。谁像我这般草率……

还是春上种瓜种豆的时节。一场春雨过后，人们都忙着操持起自己的小园子来，我一时兴起，便在房后垦出块空地种了豆。菽类本不是什么贵重物，易种，易活，不久，那鹅黄鹅黄的萌芽就拱破地皮，冒出嫩绿来了。就在这时，我被抽调去一个偏远县境下乡。记得当时拿出几根细竹竿，原是准备搭个架子的，无奈苗苗儿太小，不宜插竿，走得又匆忙，便顺手将竿儿立在檐下了。

夏天，是个多风多雨的季节，也是个酷热灼人的季节。整整一个夏季，我的芸豆，它是怎样忍受暴雨的袭击，怎样耐着三伏骄阳的炙烤，怎样抗着饥饿贪婪的菜螟蚕食吞噬的呢！

记得乡下一个乌云密布的晌午。雷电撕开了铅一样沉重的云幕，铜钱大的雨没命地倾泻着，间或还噼里啪啦夹杂着冰雹。我猛然看到，舍前的菜园，那一大片爬上架子的碧绿葱茏的芸豆，在烟雨里怯生生地、惶惑惑地哆嗦着，最后终于东倒西歪地全部乱倒在泥水里……

我的心猛地抽搐起来。我的芸豆儿，它也是这般的可怜吗？不，怕要更狼狈。我没有给它施过肥，没有给它搭过架，它那纤弱、瘦小的身子受得了如此的折腾吗？我心底里倏地掠过一种负疚之意：如此冷漠，如此残忍，这样对待生命，还不如当初不种的好。

现在，当我归来时，整整一个夏天已经过去了。芸豆，这无人照看的纤弱的小东西受了多少折磨啊，又是怎样为自己的命运挣扎的呢？它熬过了那个难挨的季节，抽出长长的茎，吐出绿绿的叶，结出细细的果……

我默默地在房后的小菜园里嗟叹，想要掬起那曾蓄着甜梦般的相思之情！呵，我的芸豆儿，它也有过痛苦的战栗和呻吟吗？有过无尽的彷徨和无穷的希望吗？它为了献出那一串串硕果而挣扎过吗？它没有气馁，没有消沉，而是向命运发起了挑战。瞧，甚至一根茅草，都成了它通往目的地的金桥。而当它的藤蔓一触到房檐下那几根竹竿，便紧紧地抓住它们，缠绕住它们。那丝丝纤细茎儿像手臂一样，一圈一圈，扼得多结实啊！它勇敢地攀缘着，拾级而上，越过竹竿，又横绕檐头，终于来到了高高的屋脊之上。这么艰难的跋涉，这么辛苦的攀缘，它不知摔下来多少回。也许，爬上去了又摔了下来，摔下来了又爬上去……

我轻轻地摘下那长长的、水灵灵的鲜豆荚，摘下那熟透了的、黄黄的干豆荚——它是今天的硕果，也是明天的种子啊。我想，它会岁岁萌生我那些枯萎和凋谢了的信念的……

2008年5月17日

夏日绿豆汤

端木向宇

江南的夏日很是写意。几天前的一个午后，我伫立于水乡古镇的石桥上，迎面吹来徐徐轻风。这风儿拂起岸边的垂柳，柳枝轻点着水面，宛如一幅杨明义笔下的江南小品，岸边枕河的人家，打开片片窗棂，向着河水借着凉风。这河上的风穿堂而过，与临街的木门相通，一扇窗或是一扇门，从里向外看，都是镶了框的画，而路过窗台之下的人，便成了画中的风景。坐在石柱的吊脚楼里喝茶，夏风吹开碧螺春，特别地水清茶香。

与绿茶一般碧绿的，还有这碗名副其实的绿豆汤。在沙溪古镇的一家小吃店里，叫了碗本地的绿豆汤。江南的绿豆汤与江南的性情相同，清澈婉约又内涵丰富。盛夏大暑时节，最佳的解暑降火的食品就是具有寒性的绿豆汤。江南的绿豆汤又称八宝绿豆汤，因其在主料绿豆与糯米外，还放入了青梅、金橘饼、糖萝卜丝、葡萄干、糖桂花、金丝蜜枣、糖水莲子等，也可按自己口味酌量添加。

童年的夏季，每年都有与奶奶一起做绿豆汤的记忆。那时候制作绿豆汤的工序要比现在复杂许多，那时还没有提炼的薄荷精油，要先从药房里称回几钱薄荷叶，用纱布包起来，单独用水煮开。薄荷水微黄如茶水一般时，装入玻璃瓶放在井水里备用。糯米需要加水煮熟成米饭，而绿豆则是在煮糯米的时候，在同一口锅内放入一个竹蒸屉，绿豆就在这蒸屉上蒸熟。只有蒸熟的绿豆才能保持绿豆的原形，内酥而外形不烂。

江南的人，在生活中多少是有些“讲究”的，从蒸豆而不水煮豆这点就能看出来，同样的东西满足了“气”以后，

可以讲“形”的时候，必定先注重“形”。绿豆与糯米都准备好后，就加些合适的配料增加口味，金橘饼、糖萝卜丝与糖桂花是必加的三样，主要是颜色红、绿、黄，丰富了绿豆汤的色彩，金橘与桂花既能生津又能开胃。小时候没有冰箱，但要做成这冰镇的绿豆汤，也不是难事，那时每家每户都有水井，而这水井在夏日里就充当起了降温的法宝。

薄荷水、糯米、绿豆都可以放进竹篮里，然后在篮上系一根长长的麻绳，吊在离井水一尺的地方，不仅可以降温还可以保鲜。不仅绿豆汤的材料可以这样保存，就连每日的饭菜也都用竹篮在井里吊着。记得小时候特别开心的事，是往井水里吊“柠檬汽水”。总是等不到晚饭乘凉时，必定会偷偷去尝上几口，如果被大人们发现，也只能拔腿就跑，大人们生气倒不是因为小气被偷喝了汽水，而是怕孩子顽皮掉进井里，才会如此紧张。

“三块一碗。”店主来收绿豆汤的钱，把我从回忆中唤回，清凉的绿豆汤也已见碗底。对于从小生活在古镇上的我来说，这样一条老街，总能引发我太多的美好回忆，这就是我时常会来这里走走的原因。这里的一切都令我感到熟悉：这里流过的七浦塘，是我饮过的故乡水；这里的枇杷树，曾经甜过我的嘴；这里夏日的蝉鸣，也曾叫醒过酣睡的我；弄堂里奔跑跳跃的小孩，就像是我儿时的缩影。

2011年7月30日

川糟鱼

龚志明

炎炎夏日，天气闷热，人的胃也容易犯疰夏病，消化食物的能力有所下降。这时来几道带糟的小菜，就能促进胃中消化液的分泌，提振人的食欲。

这神奇的糟，其实是制酒后留下的废弃物，但用来烹制美食，却是物尽其用，乃我先人一大发明，而且历史悠久。《晋书·孔群传》记："公不见肉糟淹更堪久邪？"可见用糟腌制肉类在晋代就很普遍了。北魏《齐民要术》详细记述了糟肉的制法：春夏秋冬皆得作，以水和酒糟，搦之如粥，著盐令咸，内捧炙肉于糟中，著屋下阴地。暑月，得十日不臭。明代李时珍在《本草纲目》中也指出，糟对于食品有“藏物不败，揉物则软”的功效。

太仓制糟历史悠久。“糟油出太仓州，愈陈愈佳。”这是1792年出版的《随园食单》一书中记载的。该书作者袁枚，曾任江宁等地知县，四十岁辞官后侨居江宁，筑园林于小仓山，号随园，是著名的诗人、文学家。他又酷爱美食，今天到杭州商人何星举家吃干蒸鸭，隔天赴苏州沈观察家尝煨黄雀，或与盐商一起往扬州定慧庵品煨香蕈木耳，最终成为大清一朝有名的“吃货”。到七十多岁时，他将搜罗的三百二十六种古今南北茶肴饭点汇集成《随园食单》一书。可以说该书是清代的一部系统论述、阐释饮食文化理论、烹饪技艺、制作技术的重要著作。能被该书记录，可见太仓糟油在当时同类糟产品中的地位。

有了好的糟料，制作糟食就容易了。糟食原料广泛，尤以猪爪、舌、肚、鸡、鸭、鱼、虾、毛豆、萝卜等较为适宜。

糟鲥鱼、糟钵头、糟熘鸭三白、糟蟹、糟熘鱼片、糟泥螺等都是历史名菜。甚至原本无人问津的蟛蜞螯糟后也成美食。江海交界的崇明岛，湿地环绕，蟛蜞泛滥。蟛蜞食之肉空无味，聪明的崇明人取其二钳，制成了有名的糟蟛蜞螯，成了当地的特色菜。秋日来到崇明，品尝着醇香爽口的糟蟛蜞螯，使我想起了南宋诗人杨万里“可口端何似，霜螯略带糟”的诗句。

太仓人更爱食取材容易、制作简便的川糟鱼，无论是家常菜还是宴席都少不了这道菜。不仅民间钟爱川糟鱼，就连大文学家也对其情有独钟，把它写进了《金瓶梅》一书中。中央电视台《探索·发现》播放的《王世贞与金瓶梅》中有这样一段解说词：“‘落作’的最后一道菜叫作‘川糟鱼’，这也是在《金瓶梅》书中出现的菜名，和‘落作’一样，这个菜名也是只有太仓才有的。”

川也称汆。是以水为加热体，通过大火使水沸腾，迅速使菜成熟的烹饪技法。川加热时间极短，因此原料选用质地细嫩鲜美的食材，不上浆可加调味腌渍，成菜汤味清鲜、柔软脆嫩、爽利适口。青鱼、草鱼、胖头鱼、鲢鱼等均可制作川糟鱼，成菜糟香四溢，鱼鲜可口。

2013年8月3日

看“赶鱼”

唐开生

早上和老伴上街买菜，路过青少年才艺培训中心时，只见广场上一排排电瓶车停放得密密麻麻的。马路上还接二连三地有汽车送孩子过来，小朋友从车子里出来，背着各式各样的乐器或画板，一蹦一跳地走进培训中心的大门。噢，一年一度的暑期培训又开始了。

老伴问我：“你小时候暑假玩点啥？”

我说：“那时，我们农村的孩子没有别的地方可去，就在竹园里捉捉蜻蜓，看看蚂蚁打架，或者粘粘知了。”我停了停，“不过最好玩的是跟父亲去看‘赶鱼’。”

提起“赶鱼”，话题便多了起来，我们一面走着，一面详详细细地“探讨”起来。

“赶鱼”的时间一般是大伏天。那时农村里正好忙里偷闲，棉花开黄花，已不用管理；水稻田里，耘耥、除草、施肥也告一段落。年轻的农民闲不住，早早把“赶鱼”的用具准备好了，跃跃欲试。

“赶鱼”的用具就两样。一样叫“笼罩”，是用竹篾编成的，呈圆台形，下口大，上口小，无底，比八仙桌高点。周围有一圈六角形的孔洞，洞的大小只能让小鱼小虾通过。上口固定有一块圆形网片，网的中间开有一个圆洞，穿一条细绳，细绳可以把口子收紧或放松，叫作“笼头”。

另外一样叫“赶网”。赶网由两根长两米左右的细竹竿制成，中间用绳扎牢后分开成“X”形，再分别把它们弯成弓形，两端用绳子缚住，左、右、背后、底下四周用网围起来，留一个入口。整体形状有点像现在露营的帐篷。

三伏天气，烈日炎炎。饭后一点钟左右，村上王家宅基的几个积极分子，有的掮着笼罩，有的扛着赶网，提着鱼篓，鱼篓里还塞着条裤子，他们三三两两地走着，一面大声叫喊“赶鱼啰！赶鱼啰！”，一面慢悠悠地走过来。

听到喊声，曹家宅基、唐家宅基等地的人纷纷响应。于是“赶鱼”的队伍越来越壮大，浩浩荡荡。我的父亲通常扛着一个赶网。天这么热，太阳这么毒，我要跟父亲去看“赶鱼”，母亲总是不许，怕晒着我。不过最后，让步的总是母亲。临出门前，她还要帮我戴好草帽，让我帮父亲拿一条替换的裤子……

那时，人少，荒滩多，无主的池塘多。“赶鱼”最理想的池塘大约有一个篮球场那么大，里面的水不能太深，领头的先下去试水，凭经验和直觉喊一声：“可以，下来！”第二个马上出手，把笼罩抛向池塘中间，然后身子一跃，两手按住上口，把笼罩压到河底。人再从上口进入笼罩，用脚四周一掏，感觉笼罩里有戏，再把笼头收到自己的脖颈处打结扎牢。这时还要请边上的人帮忙，爬上去把笼罩踩实。然后慢慢地蹲下去，吸口气扎个猛子，把一条三斤左右的黑鱼捉牢。为了防止它逃跑，还要把鳃挖掉，再塞进固定在笼罩外面的鱼篓里。

接下来，笼罩纷纷在池塘中心翻过来翻过去。父亲在河边，用脚把吓昏了的鱼往自己的网里赶一下，提起来，刚要离开水面，“啪啦啦”一声，竟网到了一条一斤多重的黄斑鲫鱼（野生鲫鱼）。父亲将鱼扔到岸上，让我装到鱼篓里。甭说有多高兴了！

鱼就这样被赶来赶去，直到昏头搭脑，走投无路，纷纷“缴械投降”。

经过一两个小时，池塘里的鱼被“赶”得差不多了，每个人的鱼篓里都装得差不多了，便一个个从池塘里爬上岸，换下湿漉漉的裤子，满载而归。一路上，有的人还要哼几句山歌，唱两句小调。

回到家里，母亲把鱼杀好洗干净，油煎、爆炒……太阳下山，我跟阿姐把场地打扫干净，扛出一张半桌，放到场地中央，再帮母亲把烧好了的虾呀，蟹呀，鱼呀，一盆盆端到桌上。这时，母亲会嘱咐我守在桌边看猫。小猫闻到鱼的香味，喵呜喵呜乱叫，一会儿从这边跳上桌来探头探脑，我挥动小手把它赶了下去，一会儿又从另外一边跳上来……真是一只馋猫！正当我忙得不可开交时，母亲拿了只猫食盆，里面放了点米饭，又舀了点鱼汤，还放进几条鳑鲏鱼。小猫见状，便乖乖地跟了过去，先用鼻子闻闻，再用舌头舔舔，然后叼起条鳑鲏鱼，摇头晃脑地吃了起来……

阿姐在桌子四周摆好了几条矮凳，一家四口围拢过来。这时，场边树上的知了还不知疲倦地唠唠叨叨，好像在为我们歌唱。在太阳的余晖之下，母亲帮我挑了一只最大的螃蟹，剥开壳，送到我的面前。父亲高兴，倒了一盅黄酒，一小口一小口地喝着，同时不无得意地品尝着母亲做的菜。这样的家宴一直要进行到天黑，蚊子出来“进攻”之前，才慢慢收场。母亲一面收拾，一面还会念叨：淘鱼摸蟹“并家穷”。小菜好了，胃口好了，不但把计划中第二天早上烧粥吃的冷饭全部吃光了，还要搭上油盐酱醋柴……

说到这里，老伴说：“此乃原汁原味的农家乐，何其乐也！”

2014年8月9日

小杂鱼

雪莲红红

在水乡太仓待久了，很喜欢吃这里的鱼，特别是小杂鱼，这也源于我在家乡的习惯。我的故乡在皖北，有五条河流环抱，三个湖泊点缀其间，素有“皖北小江南”的美誉。

“杂”，意为数种，不单一。很多鱼聚在一起，遂称之为“小杂鱼”。

至今，依然记得我九岁那年的夏天，生产队的旱地作物已经锄完了头茬，田间劳作就算告一段落。稍微能够从繁忙的劳作中喘口气的社员们（那时候是人民公社制，人们都被称为“社员”）中午就自发去团部沟里捕鱼。这里没有驻过兵，团部沟又从何而来？听说这条沟在开挖的时候，社员都是按部队编制上工的，红旗飘飘映红半边天，还把《三大纪律八项注意》唱得震天响。公社的那些干部吃住在临时搭建的帆布篷里，这里简直就是一个团的指挥部呢！那时候，没有外出务工人员，所有的劳动力都猫在家里，凡事只要一声吆喝，很快人们便会聚集在一起，东庄西邻的村民也都加入了进来，大人孩子不下百十人。说是去捕鱼，这些爷们洗澡、捕鱼两不误。撒网的，分开在沟的两边，在最前面开捕；接着是横着一排排入水用罩捕鱼的；我们这些孩子只能提着竹篮，在岸边捡拾那些被浑水呛得把头浮于水面且大口呼吸的小鱼儿。那个中午，当我把五六斤的小杂鱼挎到家的时候，母亲一把将我扯过去，紧紧地搂在怀里，我看到泪水已经盈满了她的眼眶……那是我第一次体会到什么是母爱，也是第一次吃到自己捕到的小杂鱼。

我国淡水鱼类品种多，有一千余种。煮小杂鱼时，棒棒鱼、黄颡鱼、白条鱼、白鱼是我的最爱，我最讨厌一种名叫

“屎光皮”的鱼了，肚子大得出奇，满腹肠子，食量还大，常把肚子撑得鼓鼓的。

棒棒鱼，又名“爬虎鱼”“花里棒子”，我们那里叫它“肉鼓捏”。怎么，你没见过？没见过没关系，光听这“肉鼓捏”的名字就很形象，形状跟人的指头差不多。也有叫它“狗头挂（音）子”，从面部看确实跟狗脸有一拼。

黄颡鱼，我故乡的人叫它“昂刺鱼”。这种鱼有三根令人防不胜防的刺，像三把利剑，随时刺向来袭者。我曾被刺过，手麻了一个上午，发木发胀，痛得苦不堪言。但是，其肉呈蒜瓣状，鲜美无比。

白条鱼，又名“白条”“蓝刀鱼”。也有人叫它“鳌子”或是“鳌鲦”，太仓这里这种鱼很多。它们惯于成群结队浮游于水面觅食。读小学那会儿，我在上学的路上会把馍揉碎自桥上撒到水里，顿时会吸引来众多鳌鲦争抢，水面像被烧开了一样，场面热闹得很。我是2003年搬到县城住的，住在城北。每天跑步回来，总会遇见那些一个臂膀挎着篮子，一只手拎着盘秤的船上人，篮子上面盖一层河里长的杂草，湿漉漉的，草的下面就是白花花的鱼。也有人戏称他们为“猫子”，可能就是因为猫不但喜爱吃鱼，还会捕鱼，人们一联想就送给他们这样一个绰号。他们一般是用丝网捕鱼，所以鳘鲦很多。我会掏钱买上一斤左右，中午的菜就有了，大热天也懒得去市场里挤。

白鱼，头尾俱昂，肉质细嫩腴美，绒刺较多。它还有个很形象的名字——翘嘴鱼。苏州有位学者，名叫王稼句，他曾在《姑苏食话》一书里专门写到白鱼，文中说：“白鱼并非太湖特产，各地江湖间都有，甚至淮白鱼的名声胜过太湖白鱼。”文人多恋乡，出身富庶之地的王先生坦然承认淮白鱼好于太湖白鱼，可见，我们淮河的白鱼也是公认的好。王先生清瘦和蔼，谦逊喜酒。一次文学活动，我们在一桌共餐，他豪爽得都是一杯干。过后，他还快递了一本签名本的散文集给我，名曰《看云小记》。王先生所说的淮，自然是淮河了。杨万里《初食淮白》诗云：“淮白须将淮水煮，江南水煮正相违。”看来，淮河水煮淮河白鱼是有独特风味的，除了淮河两岸的人有这口福，其他地方的人只能徒增遗憾了。很多时候，我都把小鳌鲦和小白鱼混为一谈，因为它们都是通体的白，体形也像极了。细心的人看看它们的嘴就明白了，整日介跟生气似的，把嘴翘上天的就是白鱼。不过，现在市面上很少见到大白鱼了，多被鱼贩子收购运往大城市去了，况且，据说此鱼不可人工养殖，所以能吃到野生白鱼，口福是不浅的。

这道家常菜的一个显著特点是“杂”，即很多种鱼一锅煮；另一个特点是“小”，鱼不宜大，最长一拃，最短大拇指长。再大或是再小，一锅煮出来，都吃不出小杂鱼的那个味。大拇指长的鱼，处理的时候不用动刀子，左手捏着鱼头，鱼的腹部向外，右手拇指与并排的食指和中指沿着鱼的脊部往腹部挤，很快，鱼的内脏便从腹部被挤出来，而且内脏完好无损，在我的故乡这叫“洽（音）小鱼”。如果没有一番功夫，鱼胆一破，胆汁流到腹腔，吃起来恐怕就“苦不堪言”了。一拃长的鱼处理起来就容易得多，因为可以用刀子，剖开鱼腹就可轻易地去除内脏。把处理干净的小杂鱼稍微晾去些水分，处于半干半湿的状态。这期间可以把红辣椒切碎，生姜切片，大蒜用刀拍扁，小葱切碎。

接下来就是煎鱼。小火把锅烧热，加油，鱼在面粉上滚一下，然后入锅煎，一次不宜煎得过多，四条左右，一定要掌握好火候，煎至两面微黄即可出锅放入预备好的盘里；如此反复直至煎完。把煎过鱼的锅洗刷净，再点火加热，放少许油，加姜片、大蒜、八角、花椒热锅炝一下，端起盘子，让煎好的鱼轻轻地滑入锅里，鱼上加酱油和少量的醋，迅速加水，放入辣椒，撒入适量细盐。鱼好熟，不宜用大火和猛火，水量最好是盖过鱼体一节食指的高度。

过去，母亲煮小杂鱼的时候，先是用麦秸草烧锅煎鱼；二次放入锅里煮小杂鱼的时候，她就改用豆秸草烧锅。在煮小杂鱼之前，她会用面粉搅拌一铝盆面糊，待小杂鱼入锅后，将面糊沿热锅四周均匀溜下去，然后盖上锅盖。面糊遇热立马会凝固成型，但是，面糊凝固的同时还会下沉，潜入水里找鱼“约会”去了。豆秸火属于硬火，过一会儿用火叉把灰烬翻一下，锅里立马又红火起来，就听锅里再次响起咕嘟咕嘟的声音。在这个过程中，鱼的香味早已氤氲于整个屋，馋得我们直咽唾沫。

终于等到开锅的时候，母亲先把锅贴揭掉放入干净的盛馍铝盆里，小杂鱼红汪汪的，整齐地码放在盘子里，浓稠的鱼汤汁浇在鱼身上，然后撒上切好的小葱花，一家人美美地吃了顿小鱼锅贴。兄弟中我排行最小，直嚷嚷要吃油头，也就是滑入水里去与鱼偷着“约会”的那部分。

在太仓做小杂鱼的很多，你能做到入味、咸淡相宜、微辣，出锅时，一条鱼完整得很，烂而不散，用筷子轻轻夹起鱼头，几乎骨肉分离，那么你煮小杂鱼的厨艺就达到一定境界了。当然，这对于生活在水乡的太仓人来说应该不是问题，一方水土养育了一方人，他们世世代代与水打交道，这种农家菜他们已经熟记于心，随手拈来。

一次，在一家名为“客来舒”的大排档，当老板娘把一盘小杂鱼放到桌上的时候，我的食欲没大增，反倒有些低落。有草鱼，有黑鱼，有鲇鱼，而且鱼几乎都有筷子长，食之，梦里寻它千百回的那个味不知跑哪去了。饭后，我问老板娘：“你家掌柜的不是水乡人吧？”她诧异地看着我，陪着笑，说：“先生，你不会是神仙吧？俺俩是外地人，确实不是当地人。”

我付了账，回以微笑，释然。

2018年1月13日

夏天的回忆

顾孝渔

小时候，在我们浮桥老家，有许多蒲塘。到了夏天，蒲塘里碧绿碧绿的蒲草长得又肥又高，密密层层。距离我家西南300多米开外就有一个南北80来米、东西约100米的大蒲塘。那时“塑料袋”这个词还未出现，一人来高、2厘米左右粗细的蒲草，到了深秋发黄后，周围的农民将其收割下来，编织成蒲包，卖给镇上的南货店，作为包装袋使用。

每年盛夏酷暑的下午，我总要提着一只木桶到那里去摸蟹和螺蛳。清清的河水透凉透凉的，舒服极了。进去后，感觉像进了迷宫一般，十分安静。偶有水鸟受惊飞出水面，会让你吓一跳。蒲塘里的水不太深，最多齐胸罢了。墨绿色的螺蛳都附着在蒲草的根部，只要用双手捧着蒲草由下向上移动，一次2~4只肯定到手了。用不了多久，就可以捉到半桶左右。

浮桥乡下的蟹，个头比较小，一般都是当年的蟹苗，在春季跟着潮水从长江洄游到内河时滞留下来的，除了打洞穴居的，还有大量直接蛰伏在河床的凹陷处。没有什么目标可言，所以只能沿着河底用手瞎摸，这就费时了。由于蟹多，一般2个多小时也可以捉到10只左右。回到家里，把螺蛳往缸内一倒，再倒入半桶水，养一养，作为第二天中午的菜肴。那几只蟹应当是夜饭的“大菜”。

母亲看到我捉蟹回来，便忙起来了。她到稻田岸边拔一小捆毛豆回来，剥好了，让我到土灶的灶膛里生火添柴，把毛豆烧酥了盛到碗里备用。同时把蟹洗干净，切成两段，剔除蟹胃。往锅里倒入半盅菜油，加热后，有条不紊地将蟹段摆放进去，用铲刀翻炒几下，再加入生姜、葱、老酒、酱油、盐和水……最后倒入毛豆，一起煮一下，一大碗毛豆炒蟹便做好了。

太阳落山之前，我在场地上先浇一面盆井水，去去灰尘，再用竹丝扫帚把场地清扫一遍。父亲卸一扇房门，我掇两条长凳，把房门搁在场当中，再弄几张小椅子，一家人就可以围拢来吃夜饭了。这时，树上的知了还在高声歌唱，场边怒放了一整天的红的、粉红的、白的凤仙花耷拉着脑袋，似乎在想什么心事……

母亲把饭篮从屋内拎出来，我欢快地端着毛豆炒蟹……小花猫的嗅觉真灵，它紧跟在我后面，喵喵喵地讨食。这时，母亲在猫食盆里加一勺饭，倒一点蟹汤，拌匀了，让小花猫尽情享用。你看它那副吃相，吃光了还要用舌头把盆子舔得干干净净，馋死了。劳累了一天的父亲，有了蟹这样的荤腥，还会喝上一盅，让这顿夜饭吃得津津有味。

吃好夜饭，用抹布把门板擦干净了，一家人摇着蒲扇坐到上面乘凉。父亲上过中学，读过《三国演义》，乘着酒兴，还会开讲“火烧赤壁”，什么舌战群儒、草船借箭、苦肉计、蒋干中计、借东风……引得隔壁的邻居成群结队过来听他“吹牛”。一直要到九十点钟“陆海风”起，大家才一面打着哈欠，一面打着招呼恋恋不舍地回家睡觉。

第二天一早，母亲换掉了缸里隔夜的水，用菜刀把一只只螺蛳的“屁股”剁掉后，倒入缸里，滴入几滴菜油，在水面上形成一层薄薄的油膜，再养上半天，让螺蛳体内的脏物全部排出。中午，用急火加适当的调料，炒一盆鲜美的清炒螺蛳，再顺手摘两条丝瓜，烧一碗丝瓜蛋汤，或者炖一碗茄子，就可以对付过去了。

如今我已是一个满头白发的耄耋老人，每每回忆起儿时清贫的生活，感慨万千，却又觉得幸福满满。

2022年8月6日

我家的枸杞

朱凤鸣

深秋的一个周末，我回到乡下新居，看到院子里西花坛的一棵枸杞，青翠的枝叶间结满了红红的果实，煞是好看。年迈的母亲关照我，趁天好将枸杞果摘下来，晒好后就可泡茶喝。

枸杞具有养肝、补肾、明目、润肺等多种功效，很受人们的喜爱。记得几年前去宁夏旅游，到盛产名贵枸杞的中宁参观枸杞博物馆，见到了一棵枸杞王，树上挂满了小红灯笼似的果实，给我留下了深刻的印象。博物馆还介绍了枸杞的起源、品种及食用方法。宁夏中宁枸杞已有600多年的栽种历史。中宁因地处贺兰山麓，光照充足，有效积温高，昼夜温差大，其独特的地理位置和气候条件，为优质枸杞的生长提供了优越的自然环境，素有“天下黄河富宁夏，中宁枸杞甲天下”的美誉，中宁还被国务院命名为“中国枸杞之乡”。因此现在市场上的枸杞，大多产于宁夏中宁。枸杞除红枸杞外，还有野生黑枸杞等多个品种。野生黑枸杞的药用价值更高。食用枸杞的方法，除泡茶、煲汤外，还可以泡酒、炒菜和直接口嚼食用。离开博物馆前，大家都买了不少中宁枸杞。但回到家乡超市一看，中宁枸杞到处都是，价格也差不多，就有些后悔舍近求远了。但想到，超市里虽然也有中宁枸杞，但是我们在中宁枸杞博物馆买回的枸杞肯定是最正宗的，也就释然了。

自宁夏旅游回来后，我就养成了泡枸杞茶喝的习惯。虽然不能说有多少直接的效果，但至少对身体有益无害。有一年深秋，我到常熟一位老同志家拜访，她的老宅院子里种了几棵枸杞，刚收下果实，晒了满满几匾，令人羡慕。她介绍道，常食枸杞对身体有益，她80多岁的人，常年无病，精神矍铄。原来，我们苏南本地也可种植枸杞。这让我想起小时候老宅屋后河沿上也有几棵枸杞，只是自生自长，从不知道采摘果实食用。我就问母亲现在老宅屋后河沿还有没有枸杞。如果还有，我想去掘一棵种到新居的花坛里。母亲说，枸杞肯定有，只是和野藤缠在一起，分不大清。我就在一个冬日的下午到老宅河沿掘了一枝，种到了新居院子的西花坛里。过了几天，母亲对我说："你掘回的这棵肯定不是枸杞。"我当时还不服气地说："我掘回时这棵枝条上还挂着几颗红果呢。"但母亲坚持说，这棵肯定不是枸杞。后来我看到东邻河沿上也有几棵枸杞，枝条上都有刺，而我从老宅掘回的这棵枝条是光滑的，这才承认母亲说的是对的。于是重新到老宅挖回一根带刺的枝条，种下后过了个把月，一场春雨后，枝条上冒出了嫩绿的新芽。母亲说，春天枸杞的嫩叶（俗称"枸杞头"）是可以吃的。为了让这棵枸杞长得更大些，第一年我舍不得摘枸杞头。到了夏天，这棵枸杞就开出了几朵紫色的五瓣花，有蜜蜂嗡嗡地在花间采蜜，后来就结出了几颗红红的果实。不久，一批果实掉了，又一批小花开了，又结出一批红红的果实。当然，第一年结出的果实并不多。后来，随着这棵枸杞树越长越茂盛，不但春天可摘几次枸杞头食用，到秋天还可收几回枸杞果。

这次摘枸杞果是在一个晴天的下午，我搬个小凳坐在枸杞树下，边采摘边欣赏着这红红的果实：有的横枝上挂着一排，让我想到节庆时单位大门口的红灯笼。有的竖枝上挂着一串，让我想起江南古镇房前的红灯笼。那满树绿叶中夹着星星点点的红果，又让我想起当兵时绿军装上的红五星……半小时后摘完，摘了足有一斤多，然后放到三楼玻璃房中，摊在竹匾里红红的一片，待晒干后即可食用。虽然我家种的枸杞可能比不上宁夏中宁的枸杞，但每当食用自己亲手种植的枸杞，就有一种别样的舒心。

2017年11月18日

碗里的秋天

韩晓玲

当夏刚刚褪去燥热，那股清甜的香气悄悄爬上了桂花树的枝头，秋天便到来了。沉浸在这股秋香里的智慧勤劳的人们，千方百计地想着要把它留存下来。

糖桂花和桂花蜜是两种最常见的保存桂花的方式，也是让桂花的清新香甜得以延续的最佳方式。

在桂花树下铺上一块布，任桂花飘落满地黄，把落在布上的这些桂花收集起来即可。后来，母亲说掉落下来的桂花，香气总不如空气中闻到的对味儿，于是，祖母想出了更好的办法——撑开一把大伞，把它调个一百八十度，伞柄朝天，便成了个完美的收集桂花的容器。容器就绪后，就可以开始收集长在树上的桂花了，母亲用一根长竹竿，轻轻拍打那些沐浴着充足阳光、满载着金黄色小花朵的高处的树枝，一小片桂花雨便出现在我眼前，带着芬芳，掉落在祖母的伞内、母亲的肩头、我们仨的发梢上，总能引起一阵欣喜的尖叫。不一会儿，祖母将伞柄递到我手里，哇，已经沉甸甸、拿不稳了。母亲找来一个大袋子，我把袋子张开，祖母小心翼翼地将大伞内收集到的桂花倒入袋中，收集便完成了。

接下来就该筛选了。母亲首先拿出一个网眼大的筛子，第一遍筛去拍打时掉落的小树梗和桂花树叶。第二遍换个网眼小的筛子，先将桂花轻轻揉一遍，去掉花瓣下的梗，祖母说，这也是去苦味的秘诀所在。

筛选以后的桂花，还需在清水中洗净，洗时加点儿盐去苦味。摊平自然晾干之后，便可以开始制作糖桂花了。取出消毒好的容器，一层桂花一层糖地平铺，每铺一层都要压实，防止放置一段时间后，白糖溶化，桂花全部飘在糖的表面，容易氧化而丢失金黄的色泽。后来经过数次改良，我选用另外的方式：在锅里将冰糖煮化成糖浆，再把处理好的桂花放进去一同搅拌，放凉之后，再放进消毒好的罐子里。这样做出来的糖桂花，是完全混合均匀且依旧色泽金黄的，能更好地保存住桂花原本的清甜香气。无论是蒸糕，还是酒酿小圆子，抑或是银耳芡实羹，只要是甜品，加上少许糖桂花，都能起到画龙点睛的作用。哪怕是鲜咸的水潽鸡蛋上，糖桂花也能体现出它出类拔萃的提香能力。

接下来是属于祖母一个人的忙碌时刻，她会挨家挨户给左邻右舍送一瓶刚做好的糖桂花，并嘱咐大家放在冰箱中冷藏，一般吃上几个月都不成问题。

秋天的沁脾清甜的香气，就这样在我们乡邻的碗里氤氲开来。

2022年11月12日

过年煮猪头

徐　尔

说到猪头，很快让人联想到一句十分熟悉的太仓老话：猪头肉——三不精。意思是要肥不肥，要精不精，没什么特别之处，仅有一点三脚猫的功夫而已。

其实，猪头肉是那个年代的美食。尤其寒冬腊月过年时，把猪头做成猪头糕，更是餐桌上一盘响当当的冷盆。即使如今食物丰富了，熟食店的猪头糕依旧吸引着食客。而喜庆宴上，猪头糕仍然“下得了厨房，上得了厅堂”。

20世纪90年代初，老婆单位杀猪分肉。猪内脏是紧俏货，只能用摸彩（即抓阄）的方式分配。也算运气好，老婆分到一个猪头。老婆托人带信，让我去用自行车载回家。

一个血淋淋的大猪头，挂在自行车上，从老街西市梢招摇过市，一路上引得居民啧啧称道。回到家，两个女儿一见吓得惊呼一声，撒腿就逃。

真是一个惊喜交加的年终岁末，来了个“不速之客”，全家有了额外的任务。

用猪头做成猪头糕，可以美美地吃上一个春节呢！单位里多少人期盼而没“中奖”，今年让我家撞了大运。母亲与我忙坏了，先把猪头托人斩成两半，再挑灯夜战，仔仔细细地把它弄干净。

第二天一早，生了煤炉，把猪头放在大钢精锅内煮。这活我并不陌生，当年在乡下时摇船去上海装黑粪，每回都要买上海人不爱吃的猪头，不过那年头不讲究吃法，煮烂切开加点酱油已经吃得津津有味了。

俗话说，“火到猪头烂”。烧了半天，香味四溢，邻居们都来观看并介绍做猪头糕的窍门，这对我帮助不小。猪头终于煮烂了，冷却后开始去骨头。很快肉归肉，骨头抽出了一大堆。这骨头舍不得丢弃，那年头讲究“循环利用”，以后卖给收破烂的或换糖吃。

大块大块的猪头肉放在案板上，我把它切成小指般大的细条，再加酱油、味精、姜、葱、香料等，用铁锅反复煮，直至汁浓收膏。

两只钵头早准备好了，红通通、香喷喷的猪头肉装了满满的两大盆。腾腾热气在寒冬中散发，浓浓香味在屋子里缭绕，我的感觉是舌间生津，快乐满满。全家人围着观看，那种过年的快乐如今无法复制。

猪头糕须冷冻后吃。一夜过去了，终于冻成猪头糕，将它切成一块块。女儿们开始还不敢下箸，品尝一下后，连声说“好吃，好吃”。吃年夜饭时，父母兄弟姐妹等围坐在一起，自制的猪头糕又多又好吃，我把制作过程介绍了一下，大家赞不绝口。

记忆中的那年，有了“二师兄”的参与，多了一份忙碌，多了一份快乐，也多了一份年味。

2019年2月2日

童心拾忆

时光流转的味道

香气溢出了字里行间，作者笔下的美食，如同一个个美妙的音符，在每一篇、每一个章节里流淌着、跳跃着，搅动了我们的味蕾，也牵引了我们的思绪。

儿时，在春天里奔跑

张新文

儿时的春天里，我最喜爱做的事，一件是赤脚在乡路上奔跑，另一件则是在池塘里钓泥鳅。

乡村的路雨天是泥泞的，人在烂泥里行走赶路，我们那儿就叫“踏烂泥”。雨天被人踏过、被牛羊踏过、被车轮踏过的土路，其路况怎样，即便闭着眼睛你也能想得到。特别是雨后的土路，犹如一场战事刚过，千疮百孔。坑坑洼洼自不必说，凝结干硬的泥块，小的如石子、大的似石块，车辙就是两行锋利的刀刃，磕着、碰着都会叫你痛苦不堪。但是，无论行走多么艰难的土路，只要经过冬天雨雪冰冻的洗礼，到了春天，就如同沐浴过的邻家少女，不用粉饰打扮也能略显坦荡和妩媚。原先大大小小的、黏得紧紧的泥块，被雨水反复淋湿，被冰冻反复拿捏，被日头反复晾晒，被风反复推拥……它们先是瘫软，也就是人们常说的被冻酥了，接着是慢慢地挪动，从高处向低洼处移去，走回它们各自原来的位置。

也只有在春天里，乡路才能恢复它本来的面目。我们这帮孩子，也会甩掉棉袄棉裤，弯腰吭哧吭哧地解开鞋带，赤脚走在乡村的路上。酥了的鳞状碎土吸足了阳光的暖意，从脚掌开始又把这份暖意传递给我们，有时暖意太过拥挤，撞击得脚掌心痒痒的，暖意逼着你不得不奔跑起来。跑累了、乐够了，就四脚拉叉躺在路边的草地上，看蓝天上朵朵白云飘过，看低飞的燕子呢喃地飞过。有时也会随手拔几根毛谷谷草，一层层剥去外面的围茎，吃它里面毛茸茸的、甜甜的、条状的嫩蕊。

结伴下湖（湖，方言，指野外可以生长庄稼的土地）在乡路上奔跑，这都是上午的活计，下午便是到沟塘钓泥鳅了。从生产队牛房，瞒着饲养员拖出一把队长刚买回的扫帚，因为钓泥鳅少不了扫帚上的细细枝条。我们先把细细枝条剪成1厘米左右的一个个泥鳅卡子，而后在卡子中间拴上母亲缝补衣服的棉线，棉线不宜过长，1尺多点足矣；线的另一头拴在长约1尺、粗约拇指的树枝上，留待下卡时插入沟边的泥里。一切准备就绪，只需将蚯蚓套在卡上，卡多长，卡上的蚯蚓就留多长。第一次钓泥鳅甩进沟里的棉线，因为是首次下水，跟个大姑娘差不多，很羞涩、很腼腆，怎么都不愿意沉到水底。此时，只有一个办法，挖一小团软泥，把棉线轻轻地从软泥里捋过，这样它们就会乖乖地沉入水底，羞涩和腼腆也跟着一起去了水里，用妩媚的身段配合着蚯蚓去引诱淤泥里钻上钻下的泥鳅。

泥鳅算是比较老实的鱼类了，不狡猾，好钓得很。春天里，它们会游到沟塘边的浅水处觅食，被卡住的泥鳅绝对不会逃脱。一般傍晚下卡，第二天清晨去收卡，往往拎出水面的都是像鞭把一样粗的活蹦乱跳的泥鳅，同时也把我们儿时的喜悦和快乐一并钓了上来。

顺利的时候，会收获大半盆泥鳅。母亲会说，一家人又可以打一回牙祭啦！母亲把我钓回的泥鳅放在盆里，加点凉水，搁置三四天，让泥鳅饿着，把体内的食物消化、排泄尽。然后捞出反复清洗，不破鱼腹；待锅中水烧开，直接把洗净的泥鳅汆入沸水中，加锅盖稍等片刻即可。

锅盖一掀，一股鲜嫩的鱼香味直冲鼻孔，撩拨着你的味蕾和食欲，吃时加入葱、姜、蒜、油、盐。虽然儿时吃食并不丰富，但是母亲很会做菜，她把做好的一条条泥鳅码放在盘子里，还在上面撒上芫荽。用筷子夹着泥鳅的头部，颤颤的尾部轻轻入口，有种嫩、鲜、滑的感觉，唇齿存香；同时顺势将鱼骨刺和内脏整体带出，由不得你去多想，另一条又颤巍巍地在你的筷子的引领下，奔跑在盘子与你嘴之间的这条路上了。

春天的记忆是美好的，希望这美好的记忆是长远的……

2019年3月9日

甜芦稷

屠振刚

芦稷又叫芦粟，长得像高粱，也像玉米。过去太仓的农村家家户户都会栽种芦稷。芦稷嚼着清脆，汁水丰足，味道甘甜。小时候，它可是我们农村孩子的主要零食呢。

记得小时候的家乡，五月初村民们就要开始培育芦稷苗。选择一小块空地，翻松泥土，播下芦稷籽，浇上水。到五月底时，芦稷苗就长到尺把高了，此时村民们就开始移苗栽种了。芦稷苗不择土壤，适应性强。村民们一般都会种植在田埂上、沟渠旁、河沿边之类的地方。这样既不会占用种植大型农作物的农田，又不浪费这些“边角料”的土地，田地资源也得到了充分利用。到了七月底，芦稷就成熟了。这时的芦稷个头相当高挑，有三米左右，那一节节青色的芦稷秆外披着一层长长的、碧绿的芦稷叶片，顶部的穗黑得发亮，像散开的花儿一样，很是好看。而芦稷的根部，有许多须状的茎紧紧匍匐在地，吮吸着大地的养分。微风吹来，一根根芦稷随风摇曳，相互击碰的叶片发出“沙沙”的声响，像是在奏一部田间交响曲，动听至极。

我们有芦稷吃了。每年这时候，孩子们最是兴高采烈。大人们用镰刀割断芦稷的根，将芦稷扛到屋前的水泥场地上，剥掉芦稷秆上的叶片，掰断芦稷穗，再用菜刀按节切断。一根芦稷一般有十节左右，最精华的部分是中间的五六节，粗细适中，节长味甜，入口疏松。根部的一两节，虽然比较粗壮，但嚼起来太疏松且甜度较差。梢部的那几节虽然比中间的甜些，但节秆越来越细且嚼起来越来越紧硬。孩子们都挑中间几节吃，而大人们只好捡“有头有尾”了。有些芦稷的正中心有个红点，这种芦稷的味道异常鲜甜，村民们把它称为红心芦稷，这是芦稷中的极品。不过吃芦稷和吃别的不一样。吃别的一般都是吃下去，而吃芦稷要用嘴巴一直咀嚼，饮其汁水。先用牙齿把芦稷秆的皮啃掉，再一口一口地咀嚼节秆，嘴里顿时有一种脆生生、甜津津的感觉，这就是芦稷甘甜的汁水，咽下去，最后把咀嚼过的渣吐出来。整个过程牙齿很辛苦，嘴巴却很甜。芦稷的皮既柔韧又似刀片般锋利，人们吃芦稷时一不小心就会划破手指，鲜血直流。这时不必着急，现成的止血药就在芦稷皮上。芦稷皮表面有一层白白的霜，用指甲轻轻把这层霜刮下来，抹在伤口上，不一会儿血就止住了，多么神奇。

夏日的夜晚，草丛中跳进跳出的蟋蟀，田埂边忽闪忽闪的萤火虫，稻田里呱呱乱叫的青蛙，仿佛都在诉说着天气的燥热。辛苦劳作一天的村民们在屋前的水泥场地上点上蚊香，坐在凳子上乘凉。此时水灵灵的芦稷正是止渴解乏的佳品。在繁星点点的夜空下，他们围坐在一起，一边吃着芦稷，一边说着家常琐事，其乐融融。不知不觉间，地上已都是芦稷皮和嚼干的碎渣渣了。每到中秋佳节，芦稷更是大受欢迎。村民们在中秋节晚上不仅会吃月饼，还要吃些芦稷。在我家乡的风俗传统里，中秋节吃芦稷有“眼目清亮”之说，或许就是为了能清楚看到月宫里的嫦娥仙子吧。

芦稷是纯天然、无添加的绿色食品，可以从七月底一直吃到十一月底。芦稷虽然有一身乡土的气息，但它浑身都是宝。芦稷汁水能清热解渴、健脾胃、促食欲，还能酿酒；芦稷嫩绿的叶子可以用来喂猪喂羊；切下的芦稷根、啃下的芦稷皮晒干后可以当柴火；而芦稷穗是扎扫帚的上等材料。

那充满家乡味的甘甜芦稷，时刻流淌在我的心里。它陪伴着我慢慢地成长，至今温暖着我的记忆，丰盈着我的人生。

2019年9月13日

难忘外婆粽子情

张新泉

每到端午，我总会想起外婆，想起外婆包的粽子。

小时候，每到端午前的那些天，外婆总是特别地忙碌。清晨，外婆会提着粽叶和米到井边去。那时，我就会争着帮外婆拿，外婆拗不过我，就给我一个小竹篮，篮里象征性地放些粽叶，我就很快乐地跟着外婆来到井边。外婆会很小心地让我帮她淘米，她则在一旁一遍又一遍地挑着米，直到在米中挑不出沙子为止。粽叶也被她仔细地洗着，挑出破的，就放在我的小篮里。外婆总是很节约，就算是破的粽叶，她也会想办法进行“废物利用”。外婆的子女很多，再加上外婆是个很友善的人，包粽子时也算了邻里的份，所以她为此会忙上好几天。

外婆包的粽子是很漂亮的。看着外婆把三片粽叶娴熟地圈成一个“斗”，再包成一个粽子时，我就会央求外婆教我。外婆教了我三年，三年中的每一个端午，我的手艺都有长进。可惜那时我人小，只能包一片粽叶的小粽子。外婆记得家里人的口味，为姐姐包肉粽，为阿姨包赤豆粽，还有我爱吃的枣子粽……

粽子煮熟以后，外婆就把粽子分成若干份，一份一份送到子女家中，哪怕是离得再远，也不会让他们错过了端午吃粽子的机会。

自从外婆去世后，母亲继承了外婆的手艺。外婆是一个多子女的人，在她有生之年里，一直在为子女们忙碌着，年复一年地把对子女的爱包进一个个粽子里。

虽然现在吃粽子已不是什么难事，街上卖粽子的店铺比比皆是，且种类繁多，但在我心中，最怀念的还是外婆亲手包的粽子。

今年的端午节又要到了,我又想起了外婆的粽子,勾起了对外婆的无限思念。

2002年6月7日

儿时眼中端午节

思 维

端午节是别名最多的节日之一，传统别名有龙舟节、重午节、天中节、五月节、端阳节、午日节、夏节等。但在童年，我只称其是驱瘟节、美食节、三忙节和五彩节。

驱瘟节不是我命名的，是祖母告诉我的。端午前后，乡下亲戚会送来艾蒿、菖蒲和蒜头，让我们悬挂于门口、窗台。这时祖母就会告诉我，这是“端午三友”，它们的气味有杀菌消毒、预防疫病的作用。其实在屈原和伍子胥之前，作为时令节气，端午节早已存在。此时正是虫毒瘟邪猖獗之时，先民于是用药草来应对。所以说是驱瘟节，应该也是名副其实。

其他三个别名则是我起的，重头戏当然是美食节。因为儿时生活不富裕，美食稀少，于是粽子就成了我十分期盼的端午美食。印象很深的是当年祖母包粽子规矩特别多，包、煮、吃、存都有讲究。包粽子所用的粽箬，实际是一种宽大的竹叶，当然也有乡下亲戚去江边芦苇滩采的芦苇叶。青绿的竹叶或者芦苇叶不是一拿来就可以包粽子的，先要漂洗，而后晾晒干，并浸好稻柴作绑线。与此同时，要浸糯米、剥板栗、斫咸肉、筛红豆等，这是前期准备工作。然后根据填料的不同及家人的口味，祖母会包两种粽子：一种是咸粽，里面或放咸肉，或放鸭蛋黄；一种是白粽，里面是纯糯米，中间放红枣。为了区分开来，祖母会把咸粽包成长条形，把白粽包成三角形。咸粽中间又可以根据稻柴头的长短或者粽箬拖出的尾巴，区分肉粽和蛋粽。

包好的粽子必须当天就煮，否则清香气味会跑掉，味道也会大打折扣。煮沸后用小火煨焖一阵后再煮，煮到锅里的水下降二三成才停止。再焖一夜，第二天清晨加满水后继续煮十几分钟。然后祖母先取出一只粽子，剥开外面包裹的粽箬，白粽表层呈黄白色，并散发出粽叶的幽幽清香，沁人心脾；咸粽颜色金黄，秀色可餐。祖母先尝一下，认为熟了，大家就可以开吃了。此时粽叶的清香和粽叶烘托出的糯米香、肉香，与艾蒿的气息混合，早已刺激得大家垂涎欲滴。在煮粽子时还有一个讲究，就是在锅里放些鸡蛋一起煮，有条件的还要再煮些鸭蛋、鹅蛋。据说吃了端午粽子锅里煮的鸡蛋，夏天不生疮；把粽子锅里煮的鸭蛋、鹅蛋放在正午阳光下晒一会儿再吃，整个夏天不会头痛。

吃粽子也有讲究：吃过蘸糖的白粽之后，要再吃蘸盐的鸡蛋，称为“压顶”。吃咸粽一般不配佐料，但考究一点的，则是蘸着绵白糖吃，甜咸相间，味道真是好极了！若有客人来，一般不直接上粽子，祖母会剥上几只白粽，切成薄片后放入锅内用油煎成金黄色，再撒上些许白糖，此谓“黄金白银”待客，表示对客人的一种高规格礼遇。

在我们小孩的眼里，那时的端午节还有“三忙”——忙玩、忙挂和忙写，故谓“三忙节”。第一忙是我们主动的，心甘情愿；后二忙不是真忙，是不情愿而认为大人“瞎忙”。

先说第一忙。粽子虽然是当时的美食，但小孩胃口小，吃一两只就饱了，更多时间是在玩纸折粽子。那时城里几乎家家户户都为纸品厂加工纸盒子，使用的材料中有沿条，即纸质较硬的长条。我就向大人要几条（有时没有多余的，就用软硬板纸自己裁剪），折成小三角形，最后一面翻上去用糨糊糊住，这就是我当时折的蹩脚小粽子。女生就厉害了，不仅可以折出有棱有角的纸粽子，还用红红绿绿的丝线缠绕，然后将好几个串起来，挂在胸前当作装饰品。有的女生还将大蒜头缝在银白色的丝网中，也挺夺人眼球。

忙挂是指挂香囊。端午节小孩佩香囊，有避邪驱瘟之意，兼有点缀装饰的作用。香囊内有朱砂、雄黄、香药，外面包以丝布，清香四溢，再以五色丝线弦扣成索，做成各种不同形状，形形色色，玲珑可爱。

忙写是指大人忙着在我们小孩的额头和眉间，蘸雄黄写“王”字，还用朱砂在我们肚脐眼上画圈，惹得我们哇哇叫……

那年代色彩也比较单调，于是端午节在我们孩子的眼中又成了有着缤纷色彩的五彩节：绿的是粽叶、艾草、菖蒲；白中透青的是鸭蛋；黄的是小黄鱼、黄鳝、雄黄酒和咸粽；白的是煮鸡蛋、蒜瓣和白粽；红的是香囊，当然，还有祖母熬夜的眼睛……

斗转星移，几十年弹指一挥间。随着人们生活水平的提高，美食早已遍地开花，小孩佩戴的香囊也可以买到现成的，儿时的美食节、三忙节和五彩节已成为历史。唯有花几元钱买的几株艾蒿和菖蒲，与旧日乡下亲戚送来的一样，依然亭亭青苍，再加上几只蒜头，浓浓的香味中带着淡淡的辛辣味，似乎在告诉我们，只要将它们插在门楣、窗台，或者置于厅堂的一角，那么，无论是在城里还是乡下，无论是自己动手包粽子还是在超市里买现成的，返璞归真的端午节杀菌驱邪的原始气息依旧会弥漫在空气中，当然也弥漫在我的心中。

2022年6月3日

摸蟹趣事

商汝林

江南是鱼米之乡，捞鱼摸蟹是人们生存的一种技能。蟹，我们从小便会捕捉、享用……

五岁（1952年夏），我就跟随二舅舅摸过蟹。那年农历六月，正值水稻发棵时节，舅舅对我说："阿二，我带你摸蟹去，去吗？"我当然高兴："好格。""那你要帮我背蟹篓哦！"说着，他拿了根长的细竹篾丝，带上一根长细铁钩，挖了包红蚯蚓，给我背好蟹篓，戴了顶草帽，我们一前一后向稻田走去。

我随舅舅在稻田埂上走，舅舅一边走着，一边左看看、右看看，时而蹲下，用细竹丝头上装上蚯蚓的引子，在一个个椭圆形的扁洞口慢慢抖动着，从洞里往外拉，随即猛地用另一只手往下一按，一只螃蟹就装进了我的背篓，那场景真刺激。不知不觉间，背篓越来越沉，渐渐要拖着地了，我好奇而又疑惑，问："二舅，你怎知道洞里有蟹呢？"他扬着眉，眯缝着眼，神秘兮兮地低头在我耳边轻声道："只要扁洞口有蟹腿新爬过的尖爪印，这爪印要清晰，十有八九就有蟹；蟹喜欢吃蚯蚓，只要竹引子一放入洞内，蟹立马来争吃，故而就能手到擒来。爪印越深，洞内的蟹也就越大。"突然，他对我努努嘴，摇着手："嘘！嘘！嘘！"然后蹑手蹑脚地蹲下，将篾丝引子塞进一个大洞口，随着引子外抽，一个大黑影出现了，只见舅舅一只大手"啪"地一下拍下去，溅起无数水花、泥浆，溅了舅舅一脸泥水，却未抓到任何东西。舅舅也顾不得抹脸，挽起袖子爬下稻田，俯身用大手挖着洞口，洞口越来越大，就将整个手臂伸进洞内，好久才将膀子抽回，却一无所获。只见他将细长的铁钩伸进大洞，一钩一钩的，待钩子抽出时，就见一个硕大的泥团出现了，当我奇怪怎么钩出个泥团时，说时迟，那时快，舅舅迅捷地用双手托着泥团在田沟水里哗哗洗了几下，泥浆就没了，他的双手握着一只蟹。哦！好大啊！蟹壳几乎和舅舅的拳头一般大小，这也是今天摸的最大的一只了。渐渐地，我背的篓子拖着地了，我已满脸是汗。舅舅洗净手，接过篓子笑着说："走，回家煮蟹吃了！"我跟着舅舅一蹦一跳地满载而归。一路上，他讲了许多摸蟹的故事，还告诉我怎样分辨螃蟹洞和螃蜞洞……

一到家，外公拿出一个高边脚桶，"哗啦"一声，一篓蟹尽倒其中。可热闹了！横行天下的"大将军"们沿着桶边争先恐后地往上爬，有的踮起八条腿，高举一双螯，转动着凸出的双眼，还嘶嘶不停地吹着气泡，只只神气活现，一派将军气概。我好奇地伸手去抓那只高举双螯的"大将军"，手还未到，手指就被大螯钳住了，出于本能，我伸出另一只手想解围，好家伙，一双手都被钳住，越甩钳得越紧，疼得我跳着双脚哇哇大哭。外公忙赶过来，要我双手一动不动。

真神！没一会儿，“大将军”竟撒手而去。

不知过了多久，外公招呼大家吃饭，桌上放着一大盆通红通红的蟹。我坐在桌旁望着煮红的蟹，迟迟不敢动手。外公笑眯眯地拿起一只最大的蟹说：“我教你吃！”说着翻过蟹身：“这公蟹脐是尖的；母蟹嘛，脐是圆的。吃蟹先扒去脐，拉出蟹肠，去掉脐后的这缝隙朝前掀开蟹盖壳，挖出蟹壳中黑色的三角形蟹肚皮，用筷挖松盖中的蟹膏、蟹黄，舀一点姜醋蘸着吃。蘸了姜醋，吃了才不会肚子疼。”然后外公拿去盖的蟹教我如何扒去一丝一丝的蟹腮，除去蟹中央的六角形薄片“蟹六角”，吮吸其中的膏黄后，将双螯及八只蟹腿分别掰开，双螯先放置一边。将每腿撕下连着本身的蟹肉先分别吸吮干净，再将腿大节部分两头分别咬去部分，每节蘸点醋一吸，一段雪白的嫩肉便吸入口中，真是香浓美味。我见大人们连小腿也不放过，小腿头咬去一点，用手指一挤，蟹爪上的肉会如挤牙膏一样，冒出一缕嫩肉丝。最后才享用长满绒毛的双螯，螯内肉多，肉质最丰腴，十分鲜嫩，犹如琼脂，食后总有“忘不了”的感觉……因吃得太

投入，不知不觉已吃了一堆蟹壳，又吃得很干净，外公连夸我会吃蟹。

自20世纪50年代末兴修水利，各江河出口河道建造了道道水闸，阻断了蟹的洄游生殖通道，破坏了蟹的自然生态环境，内河蟹变得极为稀少，稻田蟹更是不复存在，吃蟹渐成奢侈之事。

2010年11月27日

蟹的诱惑

陆锦球

金秋菊黄，螃蟹肥壮；把酒持螯，肉嫩膏香。一想到大闸蟹，我就口馋难熬，总有种不可抗拒的诱惑。翻开《蟹趣》，方知从东晋吏部郎毕卓的“右手持酒杯，左手持蟹螯，拍浮酒船中，便足了一生矣”，到宋代诗人徐似道的“不到庐山辜负目，不食螃蟹辜负腹”，蟹对国人的诱惑由来已久。

记得小时候在农村，我和同伴守蟹，夜夜能捉到七八斤，甚至十几斤。那时蟹多，又不值钱，都自家吃。有一夜，蟹帘上爬了一只半斤多的大闸蟹，第二天我高兴地把一箩筐蟹全倒在盆里，那只大闸蟹雄赳赳地八脚凌空，两螯高举，似钳如剪，张牙舞爪，犹如一位威风凛凛的大将军，引来众多小朋友观赏。是夜，母亲请了帮助割牛草的阿桂泉来吃酒，自酿的米酒加上大闸蟹，老人家吃得津津有味。他一边吃，一边向我们讲一只蟹脚当下酒菜吃下三斤老黄酒的故事。他说，有一次村中馋酒的阿陆仙吃蟹，用一只大蟹脚蘸蘸酱油吃酒，在其微醺时，有人悄悄用一只大铁钉换走了蟹脚，阿陆仙全然不知，还有滋有味地含一下“蟹脚”吃一口酒，直到他醉倒趴在桌上时，“蟹脚”还是完好无损……我们听了，笑得前仰后合。吃蟹的乐趣，为农家平添了几分温馨、舒适和惬意。

蟹在我们水乡泽国身价百倍，是改革开放后的事情。随着市场经济的发展，大闸蟹走出了国门。一斤蟹在上海可以卖到两百多元。于是农村里捉蟹的人多了，吃蟹的人少了，大家都把蟹运到上海铜川路水产市场卖高价。后来，水质污染、河蟹难觅时，又有人开始了人工育蟹。浮桥培育的中华绒螯蟹名闻遐迩，可与太湖蟹、辽蟹、鸭绿江蟹、军山湖蟹甚至新疆的天池蟹媲美。中华绒螯蟹富了农家。蟹的诱惑力、感召力不仅在农村，也使得城市的餐饮业增光添彩。“春吃河豚秋吃蟹”，河豚和蟹成为太仓的特色美食。

我有个做老师的朋友家住浮桥长江边，他见邻居养蟹发财后有点眼红，自家也开塘养蟹了。今年秋风送爽时，约我去品尝他的中华绒螯蟹。我来到塘边，喔唷，蟹塘有两亩多，像个大湖泊，周围用铝皮篱笆围着，防止“西风响，蟹脚痒”时逃走。蟹塘边的篱笆上，爬满已经萎黄了的丝瓜藤和豇豆蔓，阵风吹来，篱笆摇曳，落叶飘入蟹塘，清澈如镜的水面泛起层层涟漪，别有一番情趣。朋友用荡网去捕蟹，一无所获；再赤脚去摸，费了九牛二虎之力，才捉到几只铜钿大的小蟹。为了不使我扫兴，朋友去蟹农处买了二斤蟹，对方不要钱，他就请蟹农来一起吃酒。闲谈时，蟹农对朋友说：“你忙于教书，难得投放点粮食，怎会有大蟹？”据蟹农讲，河蟹围养，除了蟹苗要正宗外，还得放养一定量的螺蛳作伴，塘中要留蟹墩，放水草，粮食要粗细搭配，还要勤灌水，不然，河蟹不会快速生长。我听了，很受启发，原来养蟹和种田一样，一分耕耘一分收获，里面大有学问哩。

我和朋友走过邻近的蟹塘，看见成熟的大闸蟹在自动爬上岸滩，多是重三两以上的，看其青背、白肚、金爪、黄毛、体壮的形态，我想起了苏东坡的弟子张耒的求蟹诗句：“匡实黄金重，螯肥白玉香。”想其美味，怎不引人垂涎，给人诱惑？我对朋友说：“不要灰心，你去拜蟹农为师，努力改进养殖方法。待明年稻谷飘香时，我再来，吃不到你养的大闸蟹，我不甘心。”

2003年11月26日

状元府里吃枇杷

孙仲秋

又到了吃枇杷的时候，现在市场上有各种枇杷出售。古稀之年的我品尝过各种枇杷，但总觉得童年时在毕状元府后花园里吃到的枇杷味道最好。变迁的城市，不变的记忆。留恋童年的时光，难忘童年的记忆。

1942年中秋节，我出生在城厢镇新华路上的鹿鸣楼里。鹿鸣楼的东邻是毕状元府，西邻是陆状元府。我小时候和状元后代的小朋友一起玩，所以知道状元府的建筑情况。状元府的门楼不但高大雄伟，而且有精美的砖雕、石雕、木雕。状元府以门楼为轴心线的主体建筑是一进进的“高楼大厦”，每一进主体建筑都有门楼。主体建筑的左右有一个个庭院，庭院内有假山、花木、精舍。这些庭院由走廊连接，曲折幽深。状元府的后面是花园。可惜这两座状元府已被拆去。现在新华路上的“太师第”和张溥故居已经修复，我走进去总会回忆起当年的状元府，总感到这些古建筑好像古玉，自有一种温暖的情怀，不会随时光流逝而转移。

我家鹿鸣楼的第一进大客厅和毕状元府的第一进花厅之间有一个门，因为孙家和毕家世代友好，门早已坏了也不修。因为战争，花厅被太平军拆了，变成了一片空地，是我们小朋友活动的地方。孙家、毕家和另外三家邻居的小朋友共有七个，所以在一起玩的小朋友少则三四个，多则六七个。我们有时滚铜板，用两块砖搭成一个斜坡，然后让自己手里的铜板落在斜坡上，看谁的铜板滚得远。我们有时比武，用手中的小竹棍当刀剑表演自己的武艺，看谁的表演精彩。我们有时比赛爬石狮子。花厅场地之北是第二进大客厅的门楼，门楼口有两只石狮子，一雄一雌，雄的脚踏绣球，雌的怀抱小狮，雕刻精美，有一人多高。我们两人一组比赛爬狮，两人同时爬，看谁先坐在石狮头上。比赛有两个回合，也就是第一回合后互相交换石狮再爬一次，一赢一输算平手，两次皆赢为胜。有时毕家小朋友带我们到后花园里玩捉迷藏。因为花园里有假山、竹园、花坛、树林等，所以捉迷藏时很难找到同伴，这时有的小朋友就会作鸟叫提醒同伴来寻找。我们小朋友一起玩，只讲友谊，不分胜负，自由自在，快乐飞扬。

有一年六月初的一天，毕家小朋友带我们到后花园玩，正好毕家大人在后花园里采枇杷，毕家大人就给我们每个小朋友一把枇杷。我们马上津津有味地吃起来。我们边吃边说："枇杷真甜，味道真好。"直到现在，我一直在想，为什么童年时在毕家后花园里吃的枇杷味道最好？也许是毕家当年的花匠种的枇杷品种好，也许是花匠施肥、浇水、剪枝管理得精心，也许是我们小朋友吃到了最新鲜、最成熟的枇杷，也许是无忧无虑、天真纯朴的童年时代太美好，每次回忆都是万分满意……童年时代在毕家花厅场上玩，在毕家后花园里吃枇杷，是我走过的人生路中最难忘的好风景。

“俯仰间，青春佚逝；笑谈里，岁月蹉跎。”两鬓成霜、青丝为雪的我，总感到童年时代太美，只能在回忆中欣赏，在欣赏中陶醉；童年时代太好，超越了莲的清纯、兰的优雅；童年时代像酒，岁月使它越来越香醇。人老了仍要像童年时那样，心中充满信心和希望，保持永不衰竭的好奇心和永不熄灭的求知欲。

童年时在状元府花厅场上一道玩的六个朋友都退休了。三个在外地，退休前分别是公务员、医生、教师。另外三个和我一样是企业退休，都住在城厢镇，偶尔遇见，谈起童年时一起玩，都感慨童年美好，人生易老，时光易逝，生命宝贵；都感慨人到老年健康第一，淡泊为本。我感到他们都达到了“落花无声、人淡如菊”的境界，淡在荣辱之外，淡在名利之外，淡在诱惑之外，淡在物质之外，这样的淡能在人世间击破纷扰、洞察世事、谢绝虚荣、回归简朴、知足常乐、健康长寿。我要向他们学习。

2014年6月7日

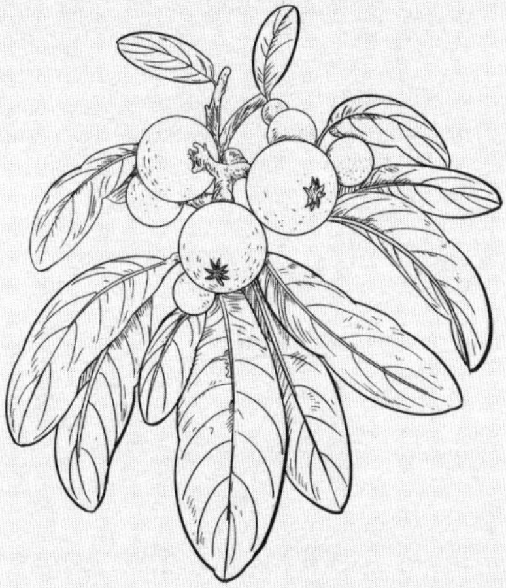

抓田螺

周培德

儿时，田螺还未深受人们喜爱。但就是这个毫不引人注意的小生物帮助我家度过了一段艰难的岁月，一起随我走过了童年的生活，至今仍然深深烙在我记忆之中，时常拍击着我的心扉……

天蒙蒙亮，母亲就烧好早饭，一手挎着篮子，一手牵着我，去抓田螺。围塘沟边，那些贪吃的小东西仍在伸出一对对细细的肉芽扒在水边贪婪地享受着。母亲挽起袖子，一脚站在岸上，一脚慢慢蹚入水中，生怕惊动这些小东西，拇指和食指呈镊状，缓缓伸入水中，猛地一夹，就有一个田螺成了母亲的篮中之物。有些田螺从水的波动中惊觉不妙，就连忙缩回一对肉芽，一路浑浊，连滚带爬地逃到深水中去了。不过这些呆头笨脑的家伙大多是逃不掉的，很快我们就抓到满满一篮子。越是陈年老塘边抓到的田螺越大，大如牛眼，我们就叫它“大牛眼”。望着这些小东西，我会馋得鼻涕和口水流到一起，母亲便点着我的脑袋叫我“馋猫”。

抓回田螺，母亲就把它们倒入水桶中，用清水养上一天，实际上是要让它们吐尽泥沙，漂出壳中的污物。待天晚收工回来，母亲就将它们倒入锅中，用水煮开，然后就着荧荧煤油灯光，用针将田螺肉从壳中挑出。这时我也常常在旁边打下手，跟着瞎捣鼓。捡一个最大的田螺壳，敲掉尾尖，放入口中一吹，就有嘹亮的哨音在寂静的夜空中响起，伴随着村野孩童的梦幻在空中荡开。

母亲将挑好的田螺肉和韭菜一起炒，就成了一道美味，一家人常常吃得有滋有味。在那段艰难的岁月中，一家人能吃到这么好的美味，已是最幸福的事情了，艰难的岁月也就不显得怎么苦了。

就这样，童年生活不知不觉地随着田螺的哨音飘远了，那段艰难的岁月也一去不复返了。一家人都过上了丰衣足食的生活，而田螺这个昔日不登大雅之堂的小东西，如今却也备受吃腻了鱼肉的人们的青睐。

1996年8月7日

菜帮浓情

凌家善

我家在农村，祖祖辈辈都种蔬菜。蔬菜让我们饱腹添味，让我们食欲大增，让我们餐餐顿顿充实满足。菜园里夏天有豇豆、黄瓜、冬瓜、辣椒，到了秋冬，菜园里更是丰盛，青菜、白菜、莴笋、芹菜、菠菜、葱、蒜，密密麻麻的。

小时候，只晓得爷爷奶奶是种花种菜的能手，在一大块菊花园中，间隔套种着青菜萝卜，据说在菊花园中种菜，可以互补：菊花从蔬菜中得到肥分养料，蔬菜借菊花的药性少生蛀虫。菜儿长得快，长得壮，相互攀比竞技。菊花到了花蕾绽放时，满园一片银白，一行行青菜、白菜把菊花衬托得整整齐齐、青白相间，仿佛是被检阅的兵种团队。只是长得高的高脚白菜还是被割了，一筐筐、一担担地挑到集镇上去卖，换些急需的米、面、煤油、肥皂、火柴等物，当然也少不了我们小孩吃的棒棒糖。留在家中那卖不及的菜常常一捆捆、一箩箩地送人，让人家做点腌菜、干菜，以备来年青黄不接时食用。

小时候，正赶上“吃食堂”潮流。后来粮食紧缺，稀稀的一大锅米粥中，掺和着煮的一块块菜帮竟成了舀入碗中的宝物。那时我在外地上学，菜筒里常常装满腌菜、干菜，没有几餐便筒空菜净了。

数九天，最喜欢家中煮的芋头菜粥，糯软如羹，煮上一大锅，可以省掉下饭小菜。端起来稀里呼噜地吃，黏糊糊、香喷喷的，再冷的日子也可以吃得额头冒汗。腊月里，爷爷从市场换回一尾大鱼，中间段切出，用盐腌好留作待客用，鱼头鱼尾用菜帮一起煮，通常要煮满一搪瓷盆。汤水宽宽的，菜帮一切四瓣，鱼头鱼尾切成块，再放些干辣子，“千滚豆腐万滚鱼”，煮的时间要长，直到汤汁变稠，菜帮绵软，吸饱了鱼汁，便是最上等的菜肴了。一家人围坐在搪瓷盆边，将鱼头鱼尾咂咂吮吮，第一顿吃了，剩下的汤汁第二天便成了鱼冻，琥珀似的透亮，凉滑滑的，嚼一口还能抿出鲜美的鱼末菜帮，实在是冬天佐饭的好菜。

步入老年，身居城市养老，虽然很难看到农家菜园的景观，但每次步入菜场，除选购可口的鱼、肉、笋、蛋外，总忘不了称上一两斤青菜，不用挑拣，只因心中那份“青菜煮豆腐，日子长如路”的祖传情结。

阳台上，有几个花凋后的空盆，我常常种上几棵青菜。起先是嫩嫩生生的，转眼间菜瓣如花，没有精心料理，也不用担心晚上要搬到屋内避免晚霜打蔫，任它自由地长，等到抽出修长的薹，再开出一簇簇艳艳的黄花，便有蜜蜂、蝴蝶来伴舞，那时便是春天了。

前晚读《浮生六记》，文中说道：“黄芽菜心，其白如玉，取大小五七枝，用沙土植长方盆内，以炭代石，黑白分明，颇有意思。以此类推，幽趣无穷，难以枚举。”这是对菜帮的褒赞。它虽然未曾被古代文人像对傲霜斗雪的菊、梅二君子那样特别钟情礼赞，但它在严冬还兀自葱绿，矮墩墩地贴紧泥地，让绿意充塞萧条的空间。它肥厚坚实、菜叶翠墨淋漓，很是水灵秀气。它的谦卑，很像胼手胝足的乡下种菜老人，明明是关乎吃喝的大事，却表现得清淡质朴，低调得要命。我从内心里喜欢这种低调，更喜欢它如人一样的清淡质朴。

2008年1月26日

老家的味道

高志强

我们姐弟四个都是吃姥姥做的饭长大的。在我们很小的时候，姥姥就从山东老家来到这里。来的时候，我小弟还没出生呢。父母忙着上班，姥姥就在家里照看我们。她洗衣做饭、缝缝补补，还把门口的空地利用起来，开垦出了一个菜园子，一年四季种着各类绿油油的蔬菜。平平常常的日子一天天过，现在回想起来，觉得姥姥真是不易。

姥姥做饭拿手的就是她老家的各种面食：饺子、面条、饽饽等。我们身处江南，但家里轮番出现的全是山东老家的美食。

包饺子是姥姥最拿手的。在姥姥看来，“舒服不过躺着，好吃不过饺子”，饺子是家里最好的饭餐。逢年过节要吃饺子，除夕夜一直吃到年初七，正月十五还是饺子。家人过生日，除了吃面条，还得吃饺子。我们开学了姥姥要包饺子；在学校得到表扬、考试得了好名次，姥姥也要包饺子。姥姥认为饺子不仅是可口的奖品，更是元宝似的吉祥物。包饺子的菜馅很随意，青菜、萝卜、韭菜、豇豆都可以，最好的也最常用的还是大白菜。肉多肉少不是很重要，那时的经济条件，只能以蔬菜为主。只要经姥姥的手，很少的肉也能包出美味来。除了水饺，姥姥还经常做蒸饺。蒸饺的菜馅，除了各种蔬菜，还要加入豆腐、粉条等。蒸饺两个就能放满一碗。我们双手捧着，吃一个就半饱了。前不久同学聚会，小时候的同学还说起曾到我家吃过姥姥做的蒸饺，“真好吃，至今难忘”。

我们从小就被姥姥教着包饺子。揉面、擀皮子是最基本的。当时年纪小、个子矮，够不着桌面，就站在小板凳上。我擀皮子，姥姥捏饺子。现在回想起这一老一小包饺子的场景，温馨而有趣。有一次在大弟家吃饺子，大弟颇为自豪地展示他的揉面基本功：三光标准。首先揉的面要光滑，其次揉面的盆子要光洁，最后揉面的双手也要不沾面。我听着笑语：“师傅来自一处。”

姥姥还常做手擀面。“软面饺子硬面条”，这是姥姥擀面时常说的，就是说做面条的面揉得要比饺子面硬。“拙媳妇是面多加水，水多加面，到晌午都做不出面条来……”姥姥揉着面唠叨着，表明她掌握水、面比例的精准，同时提醒旁边的我们做任何事都要用心才能做好。

面揉好后开始擀面。擀面的擀杖比起擀饺子皮的要粗得多、长得多。用擀杖卷起面团有节奏地来回推，面团慢慢变大变薄。不时地打开面皮，撒上面粉以防粘连。不断地调整角度卷着面皮慢慢推，反反复复直到把面皮擀得薄薄的、匀匀的。最后把一张大面皮来回折起来，叠成一长条，用刀“嚓嚓嚓”切面，排列整齐的面就出来了。姥姥放下刀，把排列整齐的面条一拢一抖，真漂亮！面条漂亮，动作漂亮，姥姥的神情也漂亮。其实擀面蛮累人的，姥姥却乐此不疲。等到面条下锅煮好捞起来，浇上做好的汤卤，一碗打卤面非常诱人。我家三个弟弟从小吃姥姥做的面，自然而然喜欢上了，直到现在，一天三顿面条也吃不够。

姥姥不识字，但我们全家每个人的生日，她都记得清清楚楚，从来不会遗漏，也不会弄错。姥姥以她特有的方式给我们过生日。打卤面是必须的，饺子也不能少，还要蒸饽饽。包点白糖就是糖饽饽，嵌颗红枣就是枣饽饽。那时没有现在流行的生日蛋糕、生日蜡烛，也没有其他的生日礼物，但在姥姥的操持下，我们每一个生日都过得开心又满足。

门口的菜园子是姥姥一锄头一铁搭开垦出来的。顺着节气，种瓜点豆，浇水除草，应季蔬菜源源不断地从门口地里到篮子里，到餐桌上，不仅新鲜绿色，更是在那个“瓜菜代粮”的年代，成了全家充饥的重要食物，为家里节省了不少开支。多年后，父母工作调动，全家搬离了原来的住处，告别了小菜园。姥姥时常会提起，“现在一棵葱都得花钱买啦”，语气中充满着对小菜园的留恋。

姥姥跟着她的女儿从山东来到这里，操持家务，不辞辛劳，甘愿付出，无怨无悔。她不会用“亲情”“奉献”这样的词语来表达，常挂在嘴上的是“骨头肉”！我们长大了，姥姥也走了。但是老人家的形象始终在我们的心头。姥姥的老家味道深深地影响着我们，刻骨铭心！

2020年8月29日

爆炒米

张　镛

“爆——炒——米——啰！”这一声声响彻街巷的爆炒米的吆喝声是多么的朴实，多么的亲切，它勾起了我对童年的无比怀念。

笔者的童年没有巧克力，也没有汉堡包，更没有肯德基、麦当劳，糖果瓜子要到过年时才有得吃，家长平日里给我们这些孩子的最高奖励便是爆一桶炒米。

爆炒米不是说爆就爆，要等到爆炒米的小贩挑着爆炒米的家什吆喝到家门口来，才有得爆。因此，当母亲答应给我爆炒米时，我伸长头颈，天天在家门口候着爆炒米小贩的到来。

炒米是一种非常大众化、平民化的食物，谈不上十分好吃，无非是抓着干吃和用开水泡着吃。如果有用食糖黏成的炒米糕吃，这近乎奢侈了。其实我们那时盼爆炒米，不尽是为了解馋、为了吃，还出于对爆炒米的好奇。在我们小孩眼里，当年的爆炒米就像变魔术那样有趣。您看那爆炒米的小贩一头挑着炉子，一头挑着爆炒米用的像葫芦那样的铁家伙，吆喝着出现在小巷的时候，他的周围立刻会围上一大群小孩子看热闹。不一会儿，小巷里的老老小小会不约而同地从家里的米缸里舀上几把米，拿着水桶、米袋、竹篮去小贩那里爆炒米。主顾一到，小贩立刻忙开了，小风箱拉得噼啪响，小炉子燃得旺又旺，他提起爆炒米的铁葫芦，打开盖，放进米，旋紧盖，放在炉子上转呀转的，炉火映红了他的脸，汗水顺着他的额头淌下，擦一把汗，看看铁葫芦上的压力表，再转呀转。加温时间到了，小贩高喊一声："响——啰——！"只听得惊天动地"砰"的一声巨响，一股浓白的蒸气腾空而起，说时迟，那时快，白花花的炒米已经爆好了。哇！真稀奇，一小把米经小贩一鼓捣，竟爆成一大桶炒米，真有趣！爆炒米常常会使我乐上一整天。现在我们的生活条件好了，小孩子们吃的东西数也数不清，爆炒米在今天已远不如从前那样受欢迎了，难得能看见它的踪影了，但它留在我童年时代的那份温馨挥之不去，我会不时地想起它。

2002年5月9日

市井百态

烟火人间的故事

这些物产美食，既承载着江南农耕文明，也延续了江海交汇之地的鲜美滋味；既是普通百姓的普通生活，也是江南文化的精致体现。

青团记忆，浓浓的亲情味道

古月清

“捣青草为汁，和粉作粉团，色如碧玉。”这是清代文人袁枚笔下的小食——青团，也是当前清明前后在江南一带流行的传统小吃，多用艾草汁或青草汁拌进糯米粉，再以豆沙、芝麻或枣泥等为馅制作而成。当然现在也有用菠菜汁等绿叶蔬菜汁代替艾草汁或青草汁的，里面的馅也花样迭出，如肉松、蛋黄或腌笃鲜等。多年来，每逢草长莺飞的季节，阿姨都会做许多青团，除了作为供品清明祭祀先祖外，更多的是赠与亲友。

阿姨做青团用的是青草汁，制作青草汁的工序比较繁杂，但这并没有让阿姨心生退意。周边因城镇化的快速发展，从前随处可见的青草已难觅其踪。阿姨骑上电瓶车在郊外兜兜转转方才找到几处茂盛的青草，这种草也叫浆麦草或雀麦草，只有这种有着细长碧绿叶子的草才带有植物独特的淡淡清香。回家把青草清洗三四遍后，放入水盆浸泡多时，此时晒蔫的青草开始变得饱满丰盈。将青草捞出，放于案板上反复揉搓至熟，再挤汁入盆或碗中。之后再次置于案板上揉搓后挤汁，如此反复多次，直至青草发白才弃之不用。制作青草汁，最关键的是要加入少量的石灰水“点浆”。是的，没错，“点浆”用的就是建筑工地上使用的石灰。将少量石灰放于碗中，加入自来水，待沸腾冷却后用漏斗筛去杂质，将沥干净的石灰水按比例倒入青草汁里。阿姨没有厨房专用的计量工具，只能凭经验配比。为了测试石灰水是否适量，阿姨总会先做个小丸子。如果水开小丸子熟了呈黄色，说明石灰水放少了；如果小丸子发黑显硬，则说明石灰水放多了。多余的青草汁可放入瓶中密封后存在冰箱内，这样可以存放较长时间，下次制作时再取出使用，也不会影响其软糯的口感及碧绿的外观。阿姨每次都特意多留一瓶送给妈妈。

阿姨为了让我们中午就能尝到新鲜的青团，清晨四五点就起床准备。糯米粉加入少量猪油（没有猪油可换其他食用油代替）和青草汁反复揉捏，直至粉团光滑柔软，再分成30~40克的剂子，包入准备好的豆沙馅搓圆成型，依次放入笼屉蒸熟。等开锅后用小毛刷涂上一层色拉油，稍稍冷却后给每个青团裹上保鲜膜，这样既方便卫生，又能较长时间保持青团的软糯。二三十年前，我曾几次目睹阿姨制作青团的全部过程，依稀记得那时她将青团整整齐齐地码放于大圆竹筛里，烧一大锅水，等水烧开了，再放青团进去大火煮开。筛子里铺上芦叶，待青团全部浮于水面即可捞出摆于芦叶上。再后来，生菜叶代替了芦叶，时至今日又用保鲜膜包裹青团，更是携带方便、食用卫生。

接过阿姨手里那袋温热的青团，心里满满的幸福与感动。阿姨不会跟店家一样使用料理机打碎青草提取汁液，而是用最原始的方式反复揉搓再绞汁，这对不再年轻的阿姨来说也是个艰难的体力活。多次跟她提议不要再劳心费力，我们如果想吃青团，外面买点就行了，但阿姨认为自家做的要比外面干净好吃。而事实上也确实如此，阿姨做的青团不但绿得明澈透亮，而且入口软糯香甜，犹如翡翠团子般可爱。而以往诸多生活细节也都体现出阿姨待我如亲生女儿般疼爱，得知我提前产子的那个凌晨，阿姨与外婆步行十几千米，冒着滂沱大雨从昆山赶到太仓市中医医院，我无法想象她们是怎样冒着寒风冷雨穿越那些泥泞小路的……二十多年后的今天，回想当时的情景，依然是心疼而又感动。

外公去世后，阿姨做的青团也成为清明供奉外公的糕点之一。扫墓时，望着照片上笑盈盈的外公，恍若隔世。那时，父母将我托付给外婆家照顾，外公是家里年富力强的顶梁柱，我还是个天真无邪的幼童，而阿姨也还是个唇红齿白、待字闺中的少女。转眼间，阿姨已儿孙绕膝，而我也年过不惑，外公更是离开我们近二十年，时光就这样悄无声

息地溜走了，并且无情地带走了我几乎所有的祖辈。但不管怎样，唯有爱是永恒的，就如碧绿如玉、香糯可口的青团，不仅寄托了我们对先祖的感恩和怀念，更是亲友之间分享美食时传递的关怀与爱意。而摆在大街小巷中售卖的油绿绵软的青团，也处处向行人展示着江南春天的气息和韵味，成为外出踏春的常备小吃。

青团的味道，是江南春天的味道，于我而言更是浓厚亲情的味道……

2020年3月21日

买西瓜

汪　放

落了几天雨，周末，总算放晴。于是乎，轻车熟路，去周市买爊鹅。回来时在昆太交界处，远远看到路侧竖立着一块木板，上书：西瓜。靠边停车。树荫下有三个民工打扮的人正在开西瓜，瓤红籽黑，汁水顺着三轮车的挡板往下流。不免心动。摇下车窗，问："几钿一斤？"答："一块二。"抬头一看，卖瓜的是个红衣红脸女郎。"高原红"，久违了。

一块二一斤，便宜。早上，菜市场麒麟瓜四块，8424西瓜也要两块五。看我疑惑，摊主说："下了几天雨，蔫了，摺藤贱卖，最后一批。”浓重的山东口音。时为八月，西瓜要落市了。看我准备关车窗，摊主说：“买两个一块一斤，包熟包甜。”不免心动。于是边下车边打量那十多个大大小小的西瓜。只见瓜皮绿中透黑，可感瓤棱，黄蜡微起，果然熟了。但以我的经验，西乡海拔低，西瓜若是种在大田里，连日多雨，大都熟而不甜，寡味水腥。疑虑间，自言自语道：“泡过。”摊主愣了一下，笑着说：“叔，是瓜藤蔫了，不是水淹。这瓜是种在鱼塘边的。”说着挑了两个要递给我。我忙不迭地说：“太大。”自己随手挑了个七八斤的，放在耳侧拍。

挑西瓜，我自小练就的诀窍：一看，二拍。要领是一手平托西瓜，一手轻轻拍击，此时需要仔细感受是否有滚雷的感觉。若是清脆如响雷，大概只有五六分熟。若拍击后，隐隐有雷自远方来，且能感觉其震感由拍击之手指传递到托瓜之掌心，那便是八分熟了。我用此法三十年，屡试不爽。然而，那天却是失灵了。居然是个闷雷。闷雷大都是在采摘之后五六日才会出现的情况。看那一车瓜，瓜藤碧绿生青，分明是刚刚采下。别无他法，只好暗暗使出绝招：佯装拿瓜到耳旁轻拍，实则以大拇指用中等力道挤压，瓜瓤裂开，果真是熟瓜。

其实，现今众人买西瓜大都到超市、水果店，这些地方的西瓜都由专业瓜农种植，品种好，他们的采摘经验也绝对老道，瓜的成熟度一般都在七八分左右，尽管放心买。但倘若你对店家不怎么放心，大可使用我刚才所说的一看二拍法，但千万不要使用我最后的那个歪招。要知道，挤压过的西瓜，表面与其他瓜无异，内里其实已经受伤，最多存放两天。

一看二拍三挤压，这是我年少时练就的挑瓜术。要知道，20世纪70年代，西瓜是个稀罕物。太仓一地除三大镇有蔬菜大队种植少量西瓜，供市镇居民凭票购买外，其他地方的大田里是不允许种植经济作物的。后来政策稍稍宽松了点，农民可在自留地里悄悄种几个西瓜，一旦瓜熟，大都急急忙忙拿到菜市场上卖。卖了，去换盐、糖、酱油等日用品。种瓜卖瓜的农民不易，市民买瓜吃瓜也不易，最怕眼光不准、手艺不精，碰着个半生不熟的。

记得当年西瓜的品种也很有限，只有平湖瓜和黑皮瓜两种。现如今，市面上最常见的是南汇、金山的8424西瓜，我怀疑它是平湖瓜的改良品种。因为这些地方与浙江的平湖相毗邻，且西瓜的外观也几乎相同。

当年偶尔也有平湖瓜调拨到太仓各地。陆路多阻，都为水运。不知是何原因，每次船过沙溪总在下午三四点钟，而那时的老戚浦正是我们嬉戏的水上乐园。

通常，日头稍歪，我们便成群结队穿过黑弄堂从王家水桥下水。倘若落潮，我们一般会顺流而下，氽到曾家桥附近上岸。因为过了曾家桥，前面横着的便是姚泾。曾家桥是座单孔高桥，桥墩大而跨空小，传说桥东到姚泾水下是龙沟，水深流急。

我们上岸的目的，便是站在那高高的桥栏上，一跃而起，体验鸟的生活。

至于黑皮瓜，大概就是苏蜜一号，也叫飞机牌，不知其来历，也呒啥讲头。只记住一点：挑着泥一面蜡黄的买。

值得一讲的是璜泾马铃瓜。

马铃瓜是璜泾的特产，与毛家市的芋艿、牛踏扁齐名，是太仓的传统特产之一。

三十年前，这马铃瓜我吃过几次，甜、鲜、松、脆，外观与现今市面上的特小凤相似，一个大概两斤。据说当时的马铃瓜也已经变种。正宗的马铃瓜只有一斤左右，状如马铃。这应是它名称的由来。

听老人讲，璜泾的马铃瓜一般种在什边地或棉花田里。我想这是对的。以我买瓜吃瓜的经验，瓜种沙地，几乎包甜、鲜、松、脆，比如哈密瓜、兰州白兰瓜。璜泾地处东乡，靠近海塘，多沙质地，土壤含水量低，出产的农作物大多产量低，但品质好。马铃瓜便是如此。既然马铃瓜为如此优质品种，那又为何绝迹了呢？除产量小外，它还有一重大缺点：易碎，不容易运输。据说，一个响雷，就能把它震裂。因此，在我们太仓当地，马铃瓜还有一个名字：奣瓜。上海人不识也不会写这“奣”字，叫成了崩瓜。崩瓜，上海有得卖，以产自奉贤的为上，崇明的为多。

太仓物华天宝，历史上有很多特产，就西瓜而言，前年张庆先生曾读到一文给我。《外冈志》卷二载："西瓜，向称沙头。太仓及吾邑北门外井亭为佳。今吾乡有紧瓜之名，瓤红如硃，味甘如蜜，沙头人往往买去充本地土者，亦莫能辨。"

可见在板桥西瓜名声大噪之前，沙溪西瓜也曾为众人所抢购。又，此条亦可佐证我之瓜植沙质地者为佳，并非主观臆断。

2021年11月26日

糟鸡爪

汪　放

过了芒种，便是端午。端午可以“端着”，但芒种必是忙碌的。

芒种很忙，忙到一日三餐无暇顾及。所谓无暇顾及，便是忙到手忙脚乱，抢收抢种，再无心思做菜烧饭。

鸡叫三遍，东方既白，公公、婆婆和阿柄早就下地劳作了，犁田的犁田，放水的放水，碌碡的碌碡，做秧板的做秧板，除草的除草。趁露水未干，趁猪食尚未烧好，翠翠赶紧开了鸡棚，拿几只昨日生的鸡蛋，吊一桶井水，浸三脚盆衣裳，大镬里烧一镬麦粞饭，小镬里煎几只荷包蛋，油镬不必汏，顺手舀一勺井水，烧一镬粥。

太阳三尺高，翠翠已喂过猪，骑跨在灶镬间门槛上的妮子吵着要吃粥上学校。盛好妮子、婆婆和自己的粥，盛好公公、阿柄的饭，翠翠赶紧到井头汏衣裳。抬头一望，两个男人跟着婆婆已经快到家了。

婆婆从兜里掏出几把捡来的麦穗，那青脚黑羽红脸短冠的紧毛母鸡迎了上去。公公也不进屋，坐在客堂的门槛上抽烟，只有阿柄进了灶间，饿了。

接下来的一整天，男人继续下田，女人打菜籽晒麦，在烈日暴晒的场上忙碌着。

其间，众人可歇息两次，午饭、晚饭就着荷包蛋、咸菜，扒一两碗麦粞饭。公公两次吃烟，歇息。婆婆到日头西斜，可短暂休息一下，去收衣服。

翠翠喜欢日光接火光的时刻。此时，黝黑的阿柄赤膊，在眼前晃来晃去，翠翠很满足。

阿柄终不是牛，公公更不是牛。待翠翠和公公、婆婆、阿柄在细雨中莳完秧，梅雨也过了，太阳也出来了，婆婆说可以把棉袄拿出来晒晒。此时，宁波货郎、绍兴货郎也来了。

公公、婆婆和阿柄喜欢宁波人，他们卖咸带鱼干、咸黄鱼干、咸鲞鱼干、咸鳗鱼干，有时还有海河豚干。他们说，咸带鱼干、咸黄鱼干下饭。翠翠知道婆婆这是在心疼自己呢。过了这一阵，田里又要忙了，买咸带鱼干、咸黄鱼干蒸省力又省柴火。婆婆在心疼阿柄、公公呢。他们干活要出很多汗，多吃点咸的可补气力。翠翠知道，婆婆知道爷俩喜欢吃鳗鱼干、河豚干烧肉，婆婆喜欢他们爷俩端着饭碗去邻居家串门。

翠翠更喜欢绍兴人，她祖上是那里的人。

翠翠的父亲是供销社的会计，母亲吃返销粮，是个家庭妇女，会绣花边。翠翠在娘家时，母亲一年到头弄糟货，尤其是夏日，糟素蟹脚（毛豆）、糟花生，清香爽口，与井水粥是绝配。逢年过节，父亲讲究，要糟鸡、糟鸭、糟白肉、糟猪心、糟猪肚、糟猪爪，反正什么好的都是糟，糟了上供桌。因此，翠翠一听到绍兴人吆喝，便亲近，便脚底发痒。

婆婆也喜欢绍兴人。她看翠翠拿积攒下来的鸡毛、鸭毛，还有鸡内金、甲鱼壳、骨头、牙膏壳、破布头、烂铁皮换臭乳腐，换麦芽糖，换针线，换酒糟，就高兴。她喜欢臭乳腐下粥，也知道孙子喜欢吃麦芽糖。

有日乘凉，翠翠有一搭没一搭地与婆婆闲聊，说她父亲讲：苏州、上海的香糟卤没有绍兴的酒糟香，绍兴酒糟可以反复多次糟东西。比如，可以先糟荤的螃蟹、河虾，再糟素的毛豆、花生。婆婆应了一声。翠翠知道，婆婆是听进去了。于是顺着话题又说，毛豆、花生若是饱满，一煮就绽开了。而婆婆捡的落花生，还有阿柄摸到的水通蟹，糟制后也会更加入味。翠翠看婆婆频频点头，笑了。

其实，翠翠喜欢糟鸡爪。糟鸡爪最是讲究，要十天半个月才能真正入味。婆婆养了几只鸡，过新年、过八月半才杀上一只；沙溪集市上也难得有专卖鸡爪的商贩。翠翠自太平街嫁到印南村后，随婆婆喂猪食，当她瞄见瘦小的婆婆两手背青筋暴起，像鸡爪一样，就断了糟鸡爪的念想。

2023年7月1日

钓　蟹

唐开生

钓蟹？年纪轻的朋友恐怕只知道钓鱼，没听说过钓蟹吧。钓蟹是我于20世纪60年代上大学放暑假回家时学会的一门“技术”。考取了大学，户口迁走了，寒暑假回家当然不可能再到生产队去干活挣工分了。另外，我还是我们大队第一个本科生，是父母的骄傲，所以，家里生活再艰难也不舍得让我去打工赚钱了。不过，话虽这样讲，毕竟是20多岁的大小伙子，也应该为家庭做点贡献。捉几只蟹改善改善伙食，这样的小事还是办得到的。

20世纪60年代初期，国家经济困难，但生态环境良好，几乎没有什么污染，稻田岸边、水沟边、河边的蟹洞随处可见，只要会钓，就会有不错的收获。记得1961年的暑假，天气很热，最高气温经常维持在三十五摄氏度左右。回家的第二天，吃过早饭，我戴了顶草帽，打着赤膊，穿了条短裤，赤着双脚，背个鱼篓，拿了根头部弯成直角的粗铅丝，上阵钓蟹。

前一夜，父亲关照我，只要把铅丝伸进蟹洞戳到底，把钩子轻轻转两圈，如果听到“咯咯”的声响，那就说明里面的钩子碰到蟹了。再轻轻地拉一拉，如果手上感觉有点分量，说明蟹被钩住。这时，用力慢慢地把蟹往外拖出来，待到洞口时，把铅丝换到左手，右手手心向下、手背贴着上壁伸进洞里，直到把蟹拖到掌心底下，就可以“蟹到擒来”。

父亲教的这一招还真管用，我在稻田岸边试了两个蟹洞，都成功地把蟹钓了出来。但是接下来就不是那么顺利了，因为我碰到了里面打了直角，向旁边转弯的蟹洞，这时，粗铅丝就伸不到洞底，自然也就钓不出蟹来。第一天，一圈兜下来，皮肤晒得通红，虽然有点收获，但并不理想。

我们队里有个专门到河里钓蟹的高手，名叫阿兴元，他“打”了一条只能乘坐一个人的，专门用来钓蟹的小船——钓蟹船。船尾的左舷挂一个弯月形的舵——避免小船在水里打转。双腿盘坐在船头，双手划桨。船上放着一个蟹篓和一根“蟹钓子”。“蟹钓子”是用厚篾片做成的，长约一米，宽半厘米多点，可以根据需要上下或左右弯曲（最大可转90度）。头部装了一块“蚌舌头”，“蚌舌头”既肥又硬，轻易不会被蟹吃掉，反倒能把蟹从洞底引诱到洞口。

一天夜里乘凉，我专门向他求教。他告诉我，我的做派，其实不能算钓蟹，只能叫钩蟹，真正的钓蟹有许多门道。

比如，钓之前，先要观察蟹洞的洞口。如果洞口比较光滑，甚至还有清晰可辨的脚印，那里面肯定有蟹。

另外，蟹还有瘦蟹、壮蟹之分，那些刚脱壳不久的瘦蟹，馋得要命，只要把“蟹钓子”放到洞口，它们闻到蚌肉的香味，便会从洞底迅速爬出来觅食。这时，左手握住“蟹钓子”，并把它往上推起，右手五指并拢，手心向上，手背贴着洞底“铲”进去，百发百中。

相比而言，要钓那种狡猾、老到的壮蟹，就没那么容易了。它们身体里有的是油水，几天不吃恐怕也不会感到饥饿。你把蚌肉放到洞口，它们即使闻到了肉味，往往也会表现得若无其事，无动于衷。钓这样的蟹，既要有耐心，还要有一定策略。可以把蚌肉往洞的深处稍稍推进一点，如果再不行，就再推进点，甚至可以推到蟹的脚跟前。这时它可能会用脚尖试探性地挠挠，当它觉得没有什么危险时，可能会想：这样的肥肉送到嘴边，不尝尝实在有点可惜。于是它会用大螯去夹蚌肉，夹牢后再往嘴里送，这时你会有一种“蟹钓子”发沉被往里拖的感觉，这说明蟹经不住诱惑开始进食了。

蟹刚要进食时，要及时把蚌肉往外稍稍拉出一点，但幅度不能过大。这样一来，蟹为了吃到这块肉，会从洞底跟着往外移动一点。只要肯挪窝、动嘴，那就有戏，哪怕一厘米也好。如此这般，一点一点地把蟹引到洞口，再让蚌肉停在那里，让它大快朵颐。这时就可以如法炮制，手到擒来。

怕就怕那种油盐不进、绝对不肯上钩的老蟹，碰到这样的对手，只能放弃，不过这种蟹毕竟只是少数。

阿兴元把钓到的蟹分门别类，雄的、雌的，大的、小的，壮的、瘦的，用事先搓好的细草绳，扎成一串一串的。扎的时候要两个人配合，一个人让蟹肚朝天，捉牢蟹脚；另一个人把绳从蟹背上方穿过，嵌入蟹螯和第二、三两脚之间收紧，打结扎牢。然后再在上面加一只……如此这般，由下而上，小蟹一串扎十五只左右，大蟹扎七八只……再拎到街上去卖。按当时的价格，大蟹一斤五角，小蟹两三角不等。只有把蟹肚朝天扎成一串，蟹才不会死掉。如果反过来朝下扎，不到半天工夫就会全部死光光。

现在街上卖蟹，都把蟹散放在塑料盆里，或者像阳澄湖大闸蟹那样捆绑成一团。所以，现在的年轻人就较难理解贪腐窝案中逮着一个，就会“像大闸蟹那样被牵出一串”的说法。

根据阿兴元传授的经验，我后来每次出击，都收获颇丰……

其实，钓蟹并不轻松，右手贴着洞底铲蟹，一般的洞里总有点高低不平，甚至还会有卡在泥里的小石子，这样，手背就容易被划破，甚至流血。回到家里少不了要用红药水消毒。一个暑假下来，右手手背总是会出现一条条疤痕。不过，事后想想，不流点汗出点血，哪来收获？

钓回来的蟹把壮的挑出来，洗净后放到锅里直接煮着吃；瘦点的，一切为二，剔去口器和胃，蘸一点面粉放入锅里用油煎一下，再调一碗面粉糊糊倒入锅中烧碗蟹面糊吃。蟹面糊可以下饭，味道挺不错的。

如果，这天钓到的都是些壮蟹，奢侈一点，煮熟后剥出蟹肉、蟹黄，再把它们和入剁碎了的毛豆子里，包一顿蟹羹馅馄饨，吃后一家人会乐得一夜难眠。

20世纪60年代，大学的几个暑假，因为有了蟹，平添了许多乐趣。

2014年9月20日

咸菜情结

盛永明

元旦前回了一趟家。一来向母亲拜个早年，二来告诉母亲春节不回家了，内舅子要结婚。回到家天已黄昏，母亲突然见我站在她面前，激动得差一点落眼泪。煮晚饭时，母亲待我像待客人一样，又是煎荷包蛋，又是烧鱼，忙得不亦乐乎。

吃晚饭时，母亲一边嘘寒问暖，一边给我夹菜。我忙说："妈，你用不着跟儿子那样客气。"母亲却是笑，笑得很开心。母亲如此热情，真让我无地自容。年近七十的她本该得到小辈的照顾才是。可我一年才回去一次，心里感到无比内疚。为此，我曾不止一次要母亲去城里住。可母亲说啥都不愿。其实母亲的心思我明白，媳妇是城里人，生活习惯与乡下有些不同。就说这次回家吧，本想携妻子一同来，但妻子说单位工作忙，请不出假。无奈之下，我只能一人前往。母亲明显有点不高兴，但她在儿子面前只字不提。

快吃罢时，母亲夹了一条鱼让我吃，说：“多吃一点，妈没什么好招待你的。”母亲烧的鱼是加咸菜一起煮的，夹到我碗里的鱼竟然不带一点咸菜。抬头看母亲时，母亲正在一筷一筷地往嘴里送咸菜。我的泪水就这样流下来了……

母亲筷上的咸菜让我想起许多往事。

那时家里六口人，只有父母两个劳动力，日子过得很艰辛，就连我和二妹的学费都交不起。母亲就年年腌一大缸咸菜，拿到集市上去卖，以贴补家用。我家离镇上有六里地，母亲背着二十斤的咸菜瓮到了集市常是满头大汗。要是卖不完，又要背回来，再出工。为了操持这个家，母亲常是起早摸黑地为生活而奔波。

在那时，像母亲这样靠卖咸菜过日子的人很多，所以咸菜挺难卖的，有时一瓮咸菜要卖几个星期。尽管这样，母亲还常要让别人先卖，比如那家卖了咸菜急着为家人看病，或者卖了咸菜为儿子送彩礼……母亲都一一照顾。

有一回，母亲碰到一个小伙子也卖咸菜，他说卖了咸菜要买肉吃。母亲及几位同行都感到吃惊，心想：咸菜都快没得吃了，还想吃肉！真有点不可思议。他站在那里东张西望，一副焦虑的样了。在母亲的追问下，那个小伙子说出了原因：他老婆生孩子后奶水不足，急需营养，可家里又没钱，只好到隔壁人家借了瓮咸菜拿到镇上卖。母亲听了很感动，就让他先卖。谁知没卖了几天再也没见到他。后来母亲打听到没待那小伙子卖完咸菜，孩子就死了……

每每吃到母亲的咸菜，总有一股涩涩的、酸酸的感觉。似乎生活的味道尽在其中。我和二妹就是吃着母亲的咸菜读完初中的，而后我又以优异的成绩考上了县城的高中。在那段日子里，我依然吃着咸菜，直到走上工作岗位。

而今天，母亲竟然不让我吃咸菜了。我不禁想，母亲是否有意不让我再去品尝生活的苦涩呢？离开家时，我问母亲要了一袋咸菜。母亲很惊讶："怎么，大鱼大肉吃腻了？"我说："我真想多吃点咸菜。"母亲会心地笑了笑。

1998年2月23日

蒸 糕

陆昱华

在我的印象里，过年的第一件事总是蒸糕。似乎家家户户的房顶上都升腾起一片热气的时候，年就来了。

母亲会先把米淘净晾干，然后挑去加工厂碾成细细白白的米粉，再挑回来，就开始张罗着蒸糕。

蒸糕一直都是母亲的事。印象里父亲从来没有插过手，大概是村里的风俗，好像这灶台上的活儿总是女人做的。父亲唯一的活儿就是用萝卜刻成一个五角星的红印子，等糕蒸好的时候趁热印上去。有的人家图省事，就用热水瓶塞子在糕上印红戳子，但总没有我家的好看。因此父亲刻的五角星常常也随着蒸屉一起被人家借走，一家一家传着用。第二年蒸糕的时候父亲就再刻一个新的，也从不觉得麻烦。

外婆是母亲唯一的帮手。每一年蒸糕时，母亲都会把外婆叫来帮忙烧火。外婆去世以后，这活儿就留给了我。但每一次蒸糕的时候，母亲总要嘀咕："哎，还是你外婆烧得好，伊知道这火什么时候要文，什么时候要旺。"外婆能够从开始到结束都在那坐着。但我不行，那火烫脸，没几分钟我就逃出来了。外婆常常在身子发热以后便更换内衣。一个冬天，她就换这么一次。好像换下这身衣服，旧的一年就过去了。现在外婆离开我们也已经六年了，但每一年的这个时候，我依然会想起她被火映红了的脸和她瘪着嘴笑的样子。

在我更小的时候，母亲是不让我们小孩在边上看的。母亲很迷信，认为蒸糕的时候如果说了什么不好的话，譬如"漏了""糊了"之类的，那糕就蒸不好。因此我们常常是只能在院子里一边心不在焉地做游戏，一边不时地瞥着厨房的门口。待母亲一出现在那里，我们便猛地围上去。不管是谁家的孩子，都能分得一片热糕。那糕烫手，而且黏。常常是忙着两个手替换着拿，甚至连脚也会跟着不迭地调换。

今年我没回去，一个人待在城里。那天一早，父亲却送来了两大块糕，说是昨天晚上才蒸好的，还热的呢。我什么也没说，也没问是谁烧的火，反正家里只剩下了他们老夫妻俩了。只是我想，母亲又会独自嘀咕些什么呢？

1998年1月26日

小巷豆腐花

甘玉铭

“豆腐花，豆腐花，阿吃豆腐花……”这样亲切而又颇具诱惑力的叫卖声，虽然如今离我们已很遥远，但它却往往能勾起我们这一代人对孩提时代无比甜美的回忆。

当年，每逢这么一声悠长的叫卖声传来，总叫我们这帮孩子心痒痒的。我从墙门内探出头来，东张张，西望望：一个人去吃有点难为情，特别是我们女孩子。眼见二毛出来了，阿牛出来了，三丫出来了，我自然不甘落后，大家涌向巷口，呼啦啦地把豆腐花担子团团围住。这个舔舔嘴唇，那个咽咽口水，看看这头，又踮起脚望望那头。一副豆腐花担子分两头，两头的担子里各藏着一个炉子，各安一个锅子。一只锅内白白嫩嫩的水豆腐腾腾地冒着热气，锅边一溜儿排着许多罐罐，绿绿的大蒜碎叶，红红的榨菜丁，弯弯的小虾皮，还有酱油、麻油、辣油……另一头的锅内煮着肉骨头，满满的一锅，沸腾的热水一会儿把骨头推上来，一会儿又把骨头按下去，香气扑鼻。锅边放着两叠整整齐齐的敞口青瓷花碗，还有许多小调羹，一只铜勺搁在一旁，一副整装待发的样子。

我们互相对视一下，纷纷伸出小手，把捏在手心里的三分钱交给那个淳朴的中年汉子，他就利索地取一个青瓷花碗，舀上一勺肉骨头汤，转身再舀两勺豆腐花，淋上麻油，浇上些酱油，撒上一小撮蒜叶末，来点榨菜丁，再抓上几只小虾皮："来，小妹妹，接住，别烫着。"随手再递过一个调羹……一般这个时候，我先不吃，等大家手里都捧上碗了，才一起吃。阿牛往往最心急，端起那碗香喷喷、热乎乎的豆腐花，就迫不及待地舀上一满勺，也不吹一下，就送进了嘴

里，还没来得及尝出味来，“咕咚”一声，豆腐花一下就从喉咙口滑过食道进了胃里，那个烫，似乎烫到心里。阿牛连连吐舌头，眨巴着眼睛，烫得眼泪快要掉下来了，这时候我们就哈哈大笑起来。摊主只是微笑着说：“小弟弟，慢慢吃，来，给你添一点。”“心急吃不了热豆腐”是真理。我们女孩则舀半调羹吹一吹，送进嘴里，那滋味，真是鲜得眉毛也要掉下来。常常是男孩先吃完，我们女孩则慢慢品尝，让小虾皮、榨菜丁在嘴里停留片刻，半调羹半调羹地吃，连一口汤都不留，个个吃个碗底朝天，然后大家恋恋不舍地放下碗勺，抹抹嘴，才一步一回头地离开那个诱人的担子。

我们这一拨走了，又来一拨……小巷上空弥漫着特有的香味，久久不散。

2002年8月9日

从前集市小商贩的叫卖声

徐志功

从前浮桥镇街道狭窄，早市人流拥挤，十字街口不时堵塞，但闻一片叫卖声，热闹非凡。店家做生意，只笑脸相迎，而小商贩没有店面，流动卖物，免不了拉腔拉调吆喝，也算为自己的商品作广告宣传。

鲜鱼摊子，小贩大声喊道："白虾、鲚鱼，刚刚起水，你看，新鲜白亮！""鲫鱼、塘鳢鱼，活蹦乱跳，快来买呀！"

你去挑拣，他又会像唱歌一样，念道："谁家少奶奶，白虾半斤。喏，再饶一把，一角六分。""老先生，来格哉，小鲚鱼一斤,再饶几条。一角洋钿。”

“出笼热馒头,鲜肉馅的,一壳卤;欢喜甜的,有猪油豆沙。”你去买几只,他会撕片荷叶包好了让你拿走。

“缸炉饼,油炸——桧!五分一档。”阿奋臂挽扁篮,一路行来,一路叫卖。“历本要买伐,今年的新历本。”秦家里手捧一沓历书,胸前挂着藤匾。“夹毛镊子,萝卜丝刨,价钿便宜用处大!”他又开始推销厨房用具。“白糖梅子,又脆又鲜,要吃快来买啊!”此起彼伏,人声鼎沸。

还有乡下小细娘,黄发垂髫,粗布衫裤,成群结队,两手挽竹篮:“阿要草头?阿要细薤(荠菜)?”“阿要马兰头、枸杞头?”像童声齐唱。她们小小年纪,已能挑了野菜上街叫卖,挣钱贴补家用。

集市一片喧闹,四五个小时后落市了。街头恢复了平静。

下昼,小商贩总在茶坊、酒肆、书场、戏馆兜售各种小吃。约莫在放学时分,也光临浮小校门前的大操场。“薄脆——油酥——饼!”阿奋料到我们肚饥了,适时送来点心。“扦光荸荠!风干荸荠!”小麻子早上卖生姜,现在改卖荸荠了。“臭豆——腐干！”黄连生把骆驼担一歇，边煎边卖，他会拿片芦叶，卷夹着臭豆腐干递给你，如果要吃辣的，还会搽上少些辣酱。“豆腐——花——”无锡阿三盛好豆腐花，再给你舀上少许紫菜、小虾米，又用像挖耳勺一样的工具往汤里添加调料，如果你喜欢香的，他会往上撒一撮大蒜叶，让你慢慢享用。夏天，还有阿六的担子：“清凉——绿豆汤——”碗里糯米饭和绿豆，上面点缀着青红丝，一勺绵白糖，冲上凉井水，凉甜可口，暑气渐消。

夜市，只在书场、戏馆有他们的踪影。“荸荠，甘蔗，蜜橘！”小麻子又来了。“美丽——大前门！”阿曲在叫售香烟。闵家妈妈提篮卖葵花子、西瓜子、芝麻花生糖，女儿阿金打扮得漂漂亮亮替她助销，因此不必高声叫喊了。戏开台，书开讲，一切叫卖声停止。散场人静，一天三市结束。

这是五十多年前的生活情景，回味远去的小商贩的叫卖声，心中仍怀有一种恋情呢！

2008年10月18日

双凤农家的酒宴

胡　杰

农家的酒宴，无论是婚嫁、寿庆、孩子满月或是新屋落成，都是流水席——不像城市里的饭店几十桌一起开。通常是五六桌或七八桌开席，称为发“头席”，若人坐满了，得等下轮，称为吃“二席”。

厨师是当地的农民，被称为“厨子”，他们的手艺毫不逊于大饭店的专业厨师，特别是一些土菜，他们做得甚至比饭店的味道还要好。

农家办酒宴的前好几天，通常就与厨子联系好了。厨子在宴席的前一天，用竹筐挑着几桌酒席用的瓷盘碗匙，优哉游哉地直奔主人家而来。

厨子到了主人家里，马上拾掇准备，妇女们在他的指挥下，拔去鸡鸭的羽毛，洗净放在桶里。圈栏里喂养的肥猪，早就有人杀好备用。一应物品大盆小盆地摆在案板上，放在阴凉处。宴席开张的前一天，称为“上场日”，一切准备就绪，就等第二天“正日”开席了。农家的厨房很宽敞，大灶上放着三口大锅，老式的灶壁还常描绘着花草或鲤鱼的图案。灶后通常有一个小门，以便通风和抱入柴草。厨房的案板是临时搭的，把木门卸下后搭在两条长凳上，上面摆着一盘盘备好的菜。

我在故乡双凤镇长大，从儿时起，已经记不清参加了多少次亲朋的酒宴。那热烈庄重的场面令人难忘：酒宴都是在院子里或是在麦场上搭起临时大棚，一桌桌的客人入座，多是朴实而豪爽的农民，他们换上了新衣裳，黑红的脸上带着略显拘束的微笑，虽然互不相识，但友好热情。上菜的人是主人请来帮忙的左邻右舍，他们端着装菜的紫红木托盘，脸上沁出汗珠，笑着吆喝一声“让啦——”，靠近桌边的客人便侧过身子让出通道，以便他们端菜撤碟。

农家的酒席桌上，每桌都有“酒司令”，一盘盘的菜上桌了，他给大家一杯杯地倒酒劝酒，要让人喝得尽兴。大家大声说笑，互相让菜，气氛热烈融洽。坐在靠近上菜处的人，在每道菜端上来时，都会把菜挪到桌子中央，好让在座的人都能夹到菜。

酒席上盛菜的都是大盘大碗，家养的鸡鸭烧得喷香，刚从田里摘的青菜心更是味道鲜美。农村厨子做的四喜肉很有特色，块大而油亮，在大锅上炖的时间长，尝一口，肥而不腻。做的肉圆也要比城里饭店的大一倍，那味道更加纯正鲜美。

正吃着，忽感桌下有毛茸茸的东西从腿边蹭过，低头看，原来是黄狗在摇尾巡查，它在等人们扔下肉骨头。

倚在门边的小姑娘，头上扎着鲜艳的丝带，大大的眼睛怯生生地打量着城里来的孩子。

先吃完席的，到一旁的厢房里上账去了。所谓上账，就是送礼金。早有主人请好的账房先生，端坐在由红纸钉成的喜簿前，他接过客人的礼金，用毛笔在喜薄上写下客人的名字。礼金还分“人情”和“折礼”两项，分别填写金额。

吃完席后，早有茶司备好新毛巾，让客人洗脸擦手。廊下放着一些长条木凳，供长久未见的亲朋互叙家常。

如果是婚嫁酒宴，主人会请来吹鼓乐队，在院东边的丝瓜架下搭起小型的戏台，婚礼进行时、酒宴开席中，都会吹吹打打，鼓乐齐奏，令人兴奋，令人欢乐，充满了喜庆的氛围。这就是双凤农家的酒宴，千百年来，积聚了浓厚的文化底蕴，风格不变，使人终生难忘。

2008年10月18日

馒头趣话两则(其一)

林　亮

馒头到底有没有馅?

一位同事在微信上分享了一段她刚来苏州时和当地人关于“一个馒头引发的争论”:

甲:你早饭吃的什么?

乙:我吃的肉馒头。

甲:瞎说,馒头没馅,形状也跟包子不一样。

乙:我们这儿馒头都有馅的,就是包子,怎么说都行。

甲:……

我在后面跟帖：这几乎是所有新苏州人的困惑。

十一年前，初来太仓不到半年的我和一个老乡一起到无锡，准备坐火车回湖北老家过年。因开车时间尚早，我和老乡出去吃顿便饭。两人一起散步到火车站对面的一家名叫“楼上楼”的苏式面馆，每人点了碗面。怕一碗面吃不饱，我又点了一笼包子（湖北人叫小笼包）。付了钱，收银员给我一张票，凭票自己到窗口拿包子。一场喜剧就此上演：

我把票递给窗口里的师傅，师傅端给我一个盖着盖子的蒸笼：“喏，你的馒头。”

我蒙了，我点的不是包子吗？我说：“师傅，我要的是包子。”

师傅看看手中的票：“没错啊，你要的是馒头。”

我更奇怪了，但还是很客气地说：“师傅，我要的是包子。”

师傅像看外星人一样看看我，很肯定地说：“是的，这是你的馒头。”

我彻底无语，心想难道这师傅听不懂普通话，还是我们沟通有问题？

晕头转向的我端着蒸笼回到座位，一掀蒸笼盖，一笼白花花热腾腾的包子赫然出现在我眼前。我顿悟：原来这里人管包子叫馒头！

从此，再有周围的新苏州人为“包子”“馒头”的叫法大惊小怪时，我都仿佛看到了当年的自己。

2015年4月11日

小酒馆

刘桂红

顺着老浏河走，经过茶馆、杂货铺、商店，在一棵最大的柳树下，会看见白墙黑瓦的三间七路头飘出酒香的老房子，这是小镇上生意最好的陈家小酒馆。没有酒肆的招牌，就像一户平平常常住在河边的人家，浓浓的酒香味，等着远客来。

老浏河往东流向长江，外来的船顺着水行驶，七弯八拐后停在了岸边，鸟在枝头鸣叫几声，柳枝在水面摆动几下，一道道涟漪和船相碰，船和小镇一起在水上摇曳。船上的人，似乎是从很远的地方一路行来，在船头掸了掸衣服上的尘土，走过通往岸上的跳板，进了陈家小酒馆。一个小镇，不管巷子深浅，都会安排妥帖，一样也不会缺了或者少了，年轻人过年轻人的日子，老年人过老年人的日子。浏河水运载着小镇男人们的前半生，小酒馆消磨着男人们的下半生，到了该走进酒馆的年纪，大家不会犹豫自己的脚步。

外来的、本地的，坐在小酒馆内，看阳光穿过柳树枝，穿过木窗，在酒馆里来回晃动，就觉得日子是惬意的。陈家阿公的小酒馆是他老婆祖上开的，所以他不晓得小酒馆开了多少代，掰掰手指头，从他老婆这一代开始往前算，数着数着就忘记了，他常摇头说："我是在吃老本，混混小日子。"小酒馆里的酒是老婆祖传酿造的，他惭愧地说："这酒不如我老丈人酿的香，我老丈人讲他的酒又不如他的爷酿的香。"镇上尝过小酒馆祖辈酒的人，跟着他祖辈一起走了，现在镇上的人只喝陈家阿公酿的，就以陈家阿公的酒味为先："陈家阿公侬客气了，我们觉得侬的酒是小镇上的一只鼎，一个字：赞。"来小酒馆的基本都是常客，也就是称为

"老酒鬼"的一帮人,他们从小看着父辈进进出出小酒馆,等父辈走了,自己也走进了小酒馆。

小酒馆里有老白汰、黄酒、烧酒。价钱不同,一般喝黄酒、烧酒的多,一壶一只角子,或者五分洋钿一碗。老白汰对于喝酒的人来说,是涮涮嘴巴的,被称为"鸡啼酒",就是那些酗酒如命、口袋里翻不出几枚铜钱的"酒鬼"一早喝的。

多年的经验,让陈家阿公看人一看一个准,哪怕是初次来店的客人,他都能揣摩出对方的心思,判断出这人是心思重还是心情愉悦。不过,陈家阿公从不与其他人传话,在他的小酒馆里,谦谦君子也好,"老酒鬼"也好,如何放浪形骸,他都不会过问。他晓得酒是提神和麻醉的,而酒桌上大家在意的只有酒和酒后的快活。酒客们说出的话基本不经过脑子,话只跟着酒精发酵,越说越多,越扯越远。谈及开天辟地的远古,他们是王,也是判断是非的哲人,他们站在很远的地方旁观。而谈及现今的生活,哪怕屋檐墙角的一棵草,都能扯到人生哲理上:人啊,还不如一棵草,冬天枯了，根还在，春天一来又绿了。人呢，一去再也回不来了。

小镇时常会被江风包裹着，就像小镇是属于江风的。江浪一个接一个拍上江滩，江风时不时地吹进小酒馆。走进小酒馆里的人说话都大声大气的，或许是酒客们怕自己说的话会被江水淹没，又仿佛江风会把他们的话送到很远的地方，以至于隔岸人家每天都能听到各种腔调的喧哗声。来酒馆的人，或被生活困顿了一生，或被情爱纠缠了大半生，或被鸡毛蒜皮的小事扯破了头皮，或孤苦难言，但只要钻进小酒馆，酒碗端起来，相互碰一下，所有的尘埃就都落在了小酒馆的门外。陈家阿公将小酒馆照管得井井有条，尽管鱼啊肉啊供应紧张，但他会想尽办法为自己酿的酒配小菜。春天的莴苣，夏天的酱黄瓜，秋天的萝卜干，冬天的雪里蕻，经过他的双手加工，都成了下酒的好菜。至于荤菜嘛，半夜去老浏河里撒网抓鱼，回家后洗干净，用盐腌制一晚上，第二天放点葱姜酒煮熟，然后放在太阳下晒干后放进坛子，一层鱼一层酒地放满，用盖子封住，半个月后打开，酒香鱼香引诱得老酒客口水直流，大厅里一声接一声：

“一碗老酒，两条小鱼。”酒香吸引不了猫狗，但鱼香却把远近的猫狗引了过来，陈家阿公不吝啬，把鱼撕开后分给几只猫狗，猫狗吃了鱼后倒生出了醉意，走路东拐西拐的。酒客替陈家阿公可惜：“陈家阿公，一条鱼就要五分洋钿，侬哪能舍得的，给这些畜生吃了也是白吃。”“鱼嘛，老浏河里有的是，抓不完，只是经了我的手，给猫狗吃点解解馋，我不少啥的。”

酒馆开着，有进账，也不乏赊账的。陈家阿公从不上门要账，有钱的到开春结账，没钱的就缓缓，人来了照样打一碗酒端上。有的老人过世了，账还记在本子上。陈家阿公噼里啪啦打几下算盘，然后用毛笔把记账本上的账划掉。每划掉一个名字，眉头就皱几下，好像经历他人的一次人生。老酒客又会替陈家阿公可惜：“又一个铜钱银子没有收到。”“人都走了，还计较啥呢？说不定是我前世欠他们的，今世正好还给他们，两清了。”陈家阿公开着酒馆，却很少喝酒，只在酿造的时候尝一下，他常说自己喝不出酒味，觉得酒味苦辣。小镇上的人没有一个劝他喝酒的。据老人说，陈家阿公的老婆和外来船上的人好上后，把小酒馆给了陈家阿公就跑了。陈家阿公一个人守着这个小酒馆，后来老婆有了孩子，被人抛弃后跳了河，临走时让人带话，说她没脸回浏河了，就让河水带她回浏河。陈家阿公知道后，关了小酒馆的门，求镇上的男人们一起去寻找，找到后厚葬了她，然后把她的儿子领回小酒馆养大。镇上的人都说陈家阿公傻，陈家阿公很实在："这酒馆是她留给我的，酒馆养活了我，我一辈子只为她做两件事情也是应该的。"陈家阿公不愿意儿子接下这个小酒馆，逼着儿子读了大学，后来儿子被分配到省城工作。他自己则守着小酒馆。他对酒馆的看法，要比其他人多很多，看着镇上的人一杯酒一杯酒地喝，从黑发喝到白发，从春天喝到冬天，从朝阳升起喝到夕阳落山，眨眼间，鸟还在门前的柳树上叫着，南来北往的船还在老浏河上行驶，自己已在酒香里耗尽了大半生，他情愿一个人带着小酒馆的爱恨老去。

2019年5月25日

油酥饼

汪　放

一早，一朋友“晒”饺子，一朋友“晒”黄油烤面包。望着那边缘略略的焦黄，无来由，冒出一句词：“红酥手，黄縢酒。”这与眼前的景象并不相干，却让我想到了昨晚在手机上刷到的关于美食的内容：出古镇，往南走十来分钟，有油酥饼卖，价廉物美。

自打工作起，我早上几乎不在家吃粥。通常是吃面条或油条加包子加豆浆，在小区边、食堂里。天天如此，不免犯腻。于是乎，若是早起或周末无事，骑个车或开个车，城里城外满街兜，寻各种小吃。其中便有油酥饼。

这油酥饼各地的做法大同小异，都以油起酥，但风味不同。有的咸，有的淡，有的重油，有的重糖，有的添葱花，有的撒芝麻，还有荤的、素的。从这些不同的口味偏好中，我约莫可知当地的传统物产和它历史上的经济状况。比如，苏州城区、无锡的，多重油重糖，与它自古的富庶有关，而周庄、朱家角则以袜底酥见长。

油酥饼是烧饼的升级版，这是我的看法。当下，烧饼似乎比油酥饼更受欢迎，这与人们的健康饮食观念大有关联。但还是有不少老人偏爱油酥饼，更有甚者还喜欢桃酥，比如我母亲。

今天，我被撩拨得特别想吃油酥饼，固执地认为，古镇上的那家点心店或许是家百年老店，保留着传统的工艺和配料。或许，还因时近七月半的缘故。

我固执地以为，油酥饼一定要用荤油做才好吃，这大概是因为我第一次吃到的油酥饼用的就是荤油。这好比第一口奶、妈妈做的菜，那味道就是特别地对。

我第一次吃到的油酥饼，其实不是完整的饼，而是饼粒屑。那是在1976年10月1日。

那年，我外婆因受到惊吓，心脏病发作，病危住院。起先几天，她躺在病床上默不作声，整天望着天花板。三天过后，回过神来，也有了精神，就开始想东想西。一会儿叮嘱晚上把酱缸盖拿开，一会儿要求发电报、打电话，让上海的阿姨寄麦乳精、杏元饼干，宁波的阿姨寄糖水橘子、糖水菠萝、午餐肉罐头。最无厘头的是反复要求杭州的娘舅寄慈溪的香榧、临安的小核桃。要知道，那时我可怜的老外婆满口只剩几颗牙齿了，但她就是要吃这吃那。谁让我外婆年轻时是见过点世面的呢。

一日，不知她又搭错了哪根筋，一上午嗷食，非要吃油酥饼，且点明要吃荤油做的，芝麻、溏心的。这可让我母亲犯了难。家里虽有白砂糖，但缺少面粉和芝麻，而且荤油需要凭票购买。最主要的是，母亲不会做油酥饼。当时九曲街上只有一家点心店，且只在早晨卖缸炉饼、油炸桧。好在九曲是个小乡镇，母亲人缘好，路子广。她先去摇手弯湘伯家炒了一碗紫苏籽。拿了紫苏籽往东走二三十步，便是好娣阿伯家的摇面店，也就一句话，分分钟和好了面。接着，央告到肉庄隔壁点心店的老陈阿伯。老陈阿伯二话不说，直接开了烘缸。晚饭前老陈阿伯就送来了半筲箕油酥饼。那天，老陈阿伯倚在门口说，篾匠阿张去店里送洗帚、扫帚时，正好看到他开炉为我家烙油酥饼，阴阳怪气的。老陈阿伯说，他对伊讲："汪家好婆吃了这趟，不晓得阿有下趟。"阿张还想说什么，老陈阿伯就说："你不要不识相。老好婆不像你儿子媳妇在脚跟头。伊儿子、女儿女婿、孙子孙媳在部队，是军属。拥军优属你阿懂。"阿张只好搭了个腔，走了。不赘。

话说那天晚上，我牵着小妹随母亲去了医院。病房里开着盏白炽灯，估计不会超过四十瓦。昏黄的灯光下是看不清两面黄的油酥饼的，但外婆却一个劲地夸老陈阿伯的手艺好，油酥饼的卖相比上海大时鸣钟转弯口的那爿还要好。结果，嗷了半天食的老外婆，讲了半夜话只吃了小半个油酥饼，还说："呒么伊小辰光格好吃。"说着就把剩下的那半个给了我妹妹。

油酥饼大概真的很好吃。小妹三下五除二，就吃光了。油酥饼真的酥，掉下了不少皮子和紫苏籽。好在那灯光不是特别亮，我赶紧就着报纸将这些饼粒屑舔光了。但好像那灯光还蛮亮的，母亲看到了我的举动。她赶紧说：“明朝10月1号，庆祝国庆，早上吃粥吃饼。”等到第二日，果真我们每个人都拿到了一个油酥饼。是，每人一个，又酥又甜，满口喷香。

油酥饼比缸炉饼好吃一百倍。

20世纪80年代初，我到城里工作。城里点心店多，品种也比九曲丰富得多，至于油酥饼，街头巷尾多有得卖。当年，我大阿嫂在北壕弄口的益民食品店工作，对面弄堂就是太仓最大、最负盛名的向阳点心店。在那，我增长了不少有关油酥饼的见识。

比如，张阿姨告诉我，油酥饼分荤素两种。荤油是由猪的板油、网油熬成的。以口感论，板油比网油好。板油主要分布在软肋下方，大块如板；网油附着于肠上，包括胸膜，稀稀拉拉，如同丝网。板油出油多，口感肥，也香，卖相洁白似羊脂玉，价格贵；网油出油少，油渣细碎，成品多杂质，卖相差，但价格低。因此，店家做油酥饼多用网油，以节约成本。板油多用于豆沙酒酿馅饼、白糖猪油年糕等食品中。

记得母亲曾说过，以前生猪是各家各户饲养，出栏的标准体重是一百二十斤，瘦肉多，肥膘薄，熬油只用长在内脏上的肥膘。现今点心店用的荤油，都是用各种肥膘熬成的，没有板油、网油香。

板油是猪油中的上品，我想他们的说法是有道理的。

今年春节，小何送了我一礼盒苏州年货，郑重其事地对我说，内中一盒是用板油熬成的猪油，要放在冰箱里，可以慢慢吃。今年天热，尤其是前段时间疫情防控势紧，我多用紫菜虾皮冲汤。彼时，舀一勺猪油，看着一朵朵油花漾开来，伴着碧绿的葱花，真是又香又肥又好看。

油酥饼，油酥饼，重点在油。油分荤素。刚才说了荤油，再说说素油。

早先我们太仓　地所说的素油，指的是菜籽油，而且多为土榨的，而非后来才有的色拉油、花生油、葵花籽油。当然，油酥饼这种街头大众小吃，更不可能用茶籽油、橄榄油、芝麻油等高级油品的。土榨的菜籽油有杂质，甚至可能含有有害物质，但就是香。可叹的是，因成本高、产量少，作为太仓大宗经济作物的油菜已基本绝迹。现在春天看油菜花，不少太仓人会结伴到婺源。自然，那里有成片成片金灿灿的油菜花，还有起起伏伏的山峦。溪流潺潺，远山如黛。黛，林黛玉的黛，青黑色。还有一个原因，众人没说，其实不少人回来时还捎带着婺源的隔年小车菜油。香味是褪了点，但还是比色拉油香。

恍若隔世。

正遐想：正宗的草鸡，现在去老闸，基本还吃得着。用猪油烘烙的油酥饼，前几年在上海的晨光烧饼店买过，味道纯正。据说那些师傅是晨光机器厂食堂的下岗工人。可惜不在太仓，他们也已老了。现如今，太仓城里最好吃的油酥饼或许是北壕弄口那一家的。

此时，电话响了。沙溪的朋友说，他已买好两个油酥饼，一会儿带过来。但愿，但愿……

2021年10月8日

传统食韵

岁月传承的风味

太仓的美食，在这里完美地组成了一幅食物风情画，是动静结合的，是香气四溢的，是令人浮想联翩的。篇篇文章，串联起了种种美味，让读者一次看了个够，品尝个遍，很是过瘾。

苜蓿何妨日满盘

龚志明

宋《山家清供》记有一趣事，说唐代时，在东宫太子旁担任左庶子的薛令之写了一首诗：“朝日上团团，照见先生盘。盘中何所有，苜蓿长阑干。饭涩匙难滑，羹稀箸易宽。以此谋朝夕，何由保岁寒。”薛令之因天天吃草头之类的蔬菜，伙食不好，加上仕途不顺，便借苜蓿之题，发了一通牢骚。唐玄宗看后便在旁题诗：“若嫌松桂寒，任逐桑榆暖。”薛令之看后忙辞官还乡，想不到不爱吃草头的后果这么严重。

太仓人是喜爱草头的。在过去没有大棚的岁月里，初春时节蔬菜相对较少，割一把沐浴着春雨的草头，放在锅中加糟油炒一下，端上桌后定会给全家带来春的欢笑。

草头，学名“苜蓿”，俗称“金花菜”“三叶菜”。嫩苗可拌、炒或做汤，也可为荤菜垫底，还能腌制。草头富含多种氨基酸，滋味香而鲜美。相传草头最早是西汉时张骞从西域引进的。在我们江南，要感谢昆剧《十五贯》中苏州知府况钟深夜闯府求见的那位明代江南巡抚周忱，他在任时大力推广种植草头，使世世代代的江南百姓多了一种普通美味的食材。清《嘉庆直隶太仓州志》载：“田草，八九月种，春时摘食嫩苗，谓之草头，亦名金花菜。”

在我们太仓，常将草头做成糟油草头、生煸草头、草头蛋皮汤，或与其他荤菜同烧。过去还有腌草头。此外，还可以做草头饼。多余的草头可以晒干保存，吃时再用开水泡开，用来做汤或与肉同烧也别有风味。

最有特色的是糟油草头。早在几百年前，太仓糟油就因“色味俱胜他邑”而被州志所记载。清代袁枚《随园食单》

也记载道：“糟油出太仓州，愈陈愈佳。”聪明的太仓人将这种有特色的调料与普通的食材有机结合起来，使它成为一道百吃不厌的经典家常菜。现在许多酒店也有这道菜，都能得到外地客人的好评。

生煸草头被《太仓县志》记入家常菜中。生煸是大火沸油的烹饪法。炒时起旺火油锅，待冒青烟时，倒入草头不断颠翻、搅拌，烹以料酒，见草头刚变色即加调料，全过程仅几秒钟，一盘碧绿香脆、柔糯鲜嫩的草头就炒好了。

在一次农村宴席上，我对走油肉烧草头这道菜印象很深。厨师让两种主料及各种调料相互渗透，味道鲜美，草头色呈深黄碧绿、入口肥嫩，走油肉皮酥韧、满口生香。草头还适宜为红烧狮子头、鸡鸭等荤菜垫底，既有色的调配，更有味的辅佐，还可缓解油腻。

小时侯还吃过腌草头。将草头洗净，晾干后用盐拌匀，放入坛内，五天后捞出晒至微干，再装入坛内。一层草头上撒些盐、茴香和花椒，再铺一层草头，如此反复。装满后将坛内草头压紧，用干净的稻草塞满坛口，倒扣于装有清水的盆中，半个月后就可以吃了。诱人的金黄色，入口后有一股淡淡的清香。可当小菜吃，做冷盆，佐酒味绝佳。也可作为开胃小菜，还可当休闲食品随意吃吃，回味无穷。有一次，我在一家酒店吃过它，但同桌的年轻人不知道有腌草头这种菜。

春暖花开的时候，人的活动量大，消耗也大。小时候放学回家，首先就是揭锅盖，伸手去拿放在饭上还有余温的草头饼。糯米粉做成小圆饼，馅为切碎的草头，平底锅两面油煎烤熟。一口咬下，嘴里充满着菜油和草头的清香，饥饿感也随之消失。家乡的草头饼被《城厢镇志》记入传统名点中。

把草头做成名菜的是上海的草头圈子。清末由上海老正兴菜馆首创，猪直肠烧熟后切片，状似圈，以草头为垫底，成菜色泽金黄、酥烂软糯、汁浓味鲜、肥而不腻。近百年来，该菜一直盛名不衰，深受广大食客喜爱。本市一家酒店也引入此菜，做法虽略逊一筹，但点菜率蛮高。

中医院的一位老中医告诉我，草头味苦微甘性凉，有清热利湿、舒筋活络、利大小便、下膀胱结石等功效。《本草

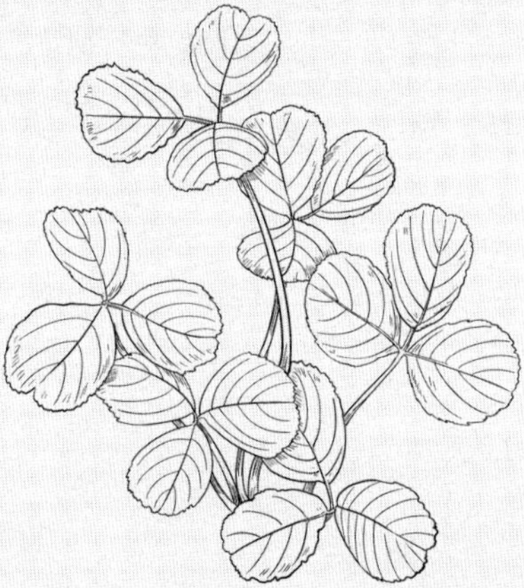

纲目》称："安中利人，可久食。利五脏，轻身健人，洗去脾胃间邪热气。"现代医学研究发现，草头含有胡萝卜素、多种维生素等成分，并有降脂、抗氧化、增强免疫力等作用。因此，春天来到的时候，我们不妨像宋代陆游"苜蓿何妨日满盘"一样，多吃些草头，对身体是有益的。

2015年3月14日

酱　瓜

徐　尔

小时候我常去伯母家，记忆的绳子难以串起乡下的故事，唯有一事，使人难忘，那就是伯母做的酱瓜特别好吃。每每忆及，仿佛齿间留香，口中生津。

伯母善种瓜，种出的毛瓜大小相仿，色泽油亮。每年夏至前后，那瓜便可摘收，形状与大小像电视中见过的美式橄榄球。青翠欲滴的瓜皮上嵌着一条条墨绿色的齿形花边，遍体裹着一层白花花的绒绒细毛。毛瓜大概由此得名吧。此时的瓜皮嫩肉脆，做出的酱瓜为上品。

插队后，我也种毛瓜，种出的瓜却非大即小，学着邻居的方法制作，那酱瓜却又咸又苦，难以下口，又韧而不脆，久嚼不烂，如同嚼泡泡糖。我方感悟：即便像做酱瓜之类的“雕虫小技”，也有学问。乡亲们慷慨地把自己做的酱瓜给我品尝，可吃遍全生产队，竟没有一户能与伯母做的媲美，我更觉伯母手艺不凡。

伯母又送来了酱瓜，并说：“乡下苦，落雪落雨吃菜难，不多做点酱瓜，常常要吃白饭。”

伯母将“瓜经”娓娓道来。原来，要做出肉脆味美、咸度适中的酱瓜还真不易呢！摘、压、晒、酱每一道工序都重要，一道扣一道，道道不可马虎。其中多少瓜放多少盐、压至什么程度、晒到怎样为止都有讲究。不能靠言传，看天气、凭感觉，全仗着长期的实践经验。最后一道工序，伯母冲我神秘一笑：“我与别人不同。把晒干了的酱瓜用蜂蜜涂遍，密封装坛，至少一个月以后才吃。”噢，怪不得，那瓜咸中有甜，脆嫩鲜美。

打这后，我开始悉心摸索，手艺大有长进。前些年女儿去外地读书，带去酱瓜。天南海北的同学不知此菜为何物，进门含一条，出门品一块，当作蜜饯吃，不出三天，一大瓶酱瓜全被瓜分了。女儿神侃一番，外地同学均赞不绝口。其中有一邻县同学，回家让父母照此制作。

现代人吃腻了鱼肉，开始寻找吃不厌的菜肴。蓦然发现，酱瓜正是首选之物。你看，夏至前后，毛瓜上市，丽日下，多少阳台上晒着毛瓜。各人各法，家家自制，红的白的，干的湿的，几乎成了家中一道长时间保留的菜肴。

于是，我突发奇想：倘若我们能以太仓特产毛瓜为原料，生产出精品酱瓜，配以现代化包装，去登大雅之堂，相信定有销路。毛瓜产量不低，瓜农收入不菲，原料不愁；再改变一家一户式的石鼓墩压瓜老办法，设计出工厂化的生产程序，辅以传统腌制方法，生产出携带方便、口感鲜嫩的酱瓜，这无疑是家常酱菜的升级换代产品。

1997年4月11日

靠壁清

龚志明

明代文学家、太仓人王世贞咏唱的《酒品前后二十绝》堪称诗作的酒谱。该组诗共二十首，以清新隽秀的文字描述了他认为具有价值的二十种酒的色泽、风味和对人体的影响，有的还写了酒的产地和酿制方法等，对研究明代酒文化具有弥足珍贵的价值。这些酒有山西羊羔酒、太原酒、关中桑落酒、襄陵酒、蒲州酒、潞州鲜红酒、章丘酒、金华酒、高邮五加皮酒、苏州薏苡仁酒等。

咏唱的这些酒与王世贞的经历密切相关。王世贞中进士后，授刑部主事，历任青州兵备副使、浙江布政司左参政、山西按察使、湖广按察使、南京刑部尚书。文学成就更甚，与李攀龙同为“后七子”领袖，独主文坛二十年。《明史》称其“才最高，地望最显，声华意气，笼盖海内”。可见，被他选中吟诗的酒，在当时应该是比较有名的酒，或是有特色的酒，也是他工作和生活中接触较多的酒。

二十种酒中有许多酒流传至今，有些还保留着原来的酒名。部队服役时的老班长是高邮人，上次我去看望他，喝的就是五加皮酒，想不到这酒至少有四五百年的历史了。是不是与王世贞喝的味一样，不知道。

太仓的靠壁清白酒也是其中之一。王世贞在该诗序中写道：“靠壁清白酒，出自家乡，以草药酿成者，斗米得三十瓯。瓿置壁前，一月后出之，味极鲜冽甘美。”并咏诗：“酒母啾啾怨夜阑，朝来玉液已堪抟。黄鸡紫蟹仍肥美，与汝相将保岁寒。”这种酒的主要特征是：酿制时要放一些中药，经过一个多月的时间，味道甜美，酿制过程中经过发酵会发出“啾啾”的声音。

那靠壁清到底是种什么酒？王世贞作诗几十年后编纂的明《崇祯太仓州志》在收录了该诗和序后，作了注释：“靠壁清即今十月白，因十月造，故名。”直至20世纪初，民国时期编修的《宣统太仓州镇洋县志》仍记道：“白酒有十月白、菜花黄、靠壁清等名。”

靠壁清即十月白，又称冬酿酒。清代苏州人顾禄《清嘉录》记：“乡田人家以草药酿酒，谓之冬酿酒，有秋露白、杜茅柴、靠壁清、竹叶清诸名。十月造者，名十月白。”这里说的白酒与现在意义上的白酒是两个概念。清代桂馥《札朴》云：“糯米为甜酒，俗呼白酒。”实际上，像靠壁清、十月白等各样名称的白酒都是用糯米酿成的低度米酒，酒味甜，呈乳白色。由于酿造季节、酿造地点、酿酒用料和其他特征的不同，而细加区分出不同酒名。这类酒酒精度只有四五度，老少皆宜，深受大家喜爱。蔡云在《吴歈》中吟赞：“冬酿名高十月白，请看柴帚挂当檐。一时佐酒论风味，不爱团脐只爱尖。”

冬酿酒一般在冬至前后饮用，也是冬至节的传统饮品。冬酿酒最初被当作腊月祭祀用品。汉代崔寔《四民月令》记：“十月上辛，命典馈清曲，酿冬酒，供腊祀。”这是一种短期发酵、用于祭祖的甜酒。喝冬酿酒的习俗也可能是从祭祖的风俗演变而来，并沿袭至今。太仓民间有句谚语“冬至大如年”，现在虽没有古时隆重，但仍有过冬至节的习俗。主要是祭祀祖先、吃馄饨、吃羊肉，饮冬酿酒更是必不可少的。

另外，王世贞吟赞《沙头吕氏酒》说的也是冬酿酒：“扫地人间色味铨，自将真趣媚丹田。从教扬子中泠品，不及沙头第一泉。”清《乾隆沙头里志》录此诗并说明：这种“白酒，俗名靠壁清，言藏之已久也”。

四百多年前王世贞喝过的靠壁清白酒，其酿制工艺代代相传。太仓许多人家还会自制冬酿酒。将糯米烧成饭，与甜酒药拌匀，但并不放中药，放置一段时间，就成了米酒，俗称“老白汰”。一年四季均可酿造，但以十月份酿出的最佳。如果加些糖、桂花等天然调色调味品，便成了酒色微黄、清香味甜的桂花冬酿酒。这类酒发酵时间短，营养丰富，烫温后饮用，能暖身开胃，被称为“营养米酒”。

2017年11月25日

一碗羊肉面

徐　尔

那年冬天，严寒来得早，还没到阳历年关，就已是天寒地冻，朔风劲吹了。傍晚的太阳从阴云中透出一线寒光，从街头卷起的带有大字报纸屑的北风，像锥子一样往我衣缝里钻。我紧了紧身上的棉袄，刚走到双凤的西市梢，一股熟悉的香味“牵住”了我的鼻子。这是一家羊肉面店，没有招牌，更没有现在常见的广告标识，但这飘逸的香味便是最好的广告。

这是发生在四十年前的一件事，当时我在杨林河畔的新立小学当老师，而我家则在直塘，每周上班必须在周日下午赶到。其实两地距离不过十多里路，但在拥有一辆自行车都是奢望的年代里，这段路得足足走上小半天。

坐进面店，环顾四周。店面两开间门面，西面一间放着两张八仙桌和条凳。东面一间有一副大灶，灶膛内不住泛着红光，两口大锅一左一右：左边的锅里是满满的冒着腾腾热气的开水；右边的锅里盛放着隆起的酱红色的羊肉和羊汤，锅台旁边放着酱油、生姜、蒜叶之类的佐料。掌柜是一位五十来岁的妇女，虽然整天与羊油羊肉打交道，可围裙上看不到黑乎乎的油腻。看得出，这是位手脚麻利、爱洁净的女人。

"吃面，稍等一下，马上就好。"女人笑眯眯地挪了挪长凳，示意我坐下。她在灶膛内用火钳掏了两下，很快锅内的水沸了，一把面被丢进了锅内，女人用长筷一捞，很有层次感地叠放在刚刚舀好汤的大碗内。很快，一块比巴掌略小的羊肉盖在上面，紧接着一把青葱的蒜叶如天女散花般撒在上面。

我目不转睛地盯着她，腹内早已饥肠辘辘，口水不住地分泌。面端上来了，我想起身去接，女人喊道："不要动，当心烫着。"顿时，一股热气在桌上升腾，一阵清香扑鼻而至，冻僵的手指使筷子也变得笨拙起来。我顾不得烫了，三下五除二地吃了起来。那碗面味香肉酥，油光面滑，羊肉肥瘦得当，鲜嫩无比，蒜香和肉香交织在一起，真是相得益彰，回味隽永。

几乎是一口气，我把面吃得一干二净，此时，额头上已微微渗出了细汗，浑身热乎乎的。当我一抬头，才发现女人正眯着笑眼看着我狼吞虎咽的吃相。其实，那碗肥羊大面是她的"作品"，她如同一位艺术家看到人们津津乐道地欣赏着其杰作时，快意会写在脸上。而我那种猴急的吃法，那种瞬间的变化，对她而言又何尝不是更具"欣赏价值"的"作品"呢？这如同我们老师看到经自己点拨的学生，一副茅塞顿开欣喜状，心中的愉悦也会在不经意间流露。

岁月匆匆，世事沧桑，一晃四十年了。后来我不知吃过多少次羊肉面。然而，每次吃过之后，总会自觉或不自觉地

与当年的那碗面作比：是不是我的口味变得挑剔了？我的味觉器官退化了？抑或是缺少了当年那种饥不择食的饿感和彻骨的寒意？总之，我品味不出当年那种美味和回味了。

我想，尽管我们现在能采购各地最好的调料来配制羊肉，但当年那种在原始状态中生存和成长的山羊、绵羊，似乎已经很难“复制”出来了。绿油油的青草地上缀满了细碎的野花，田野里十分静谧，远处传来耕牛“哞、哞”的叫声，羊妈妈带着孩子们安详地在阳光下嬉戏……

朝花夕拾，我怀念从温软水乡走来的羊儿，怀念当年的那碗羊肉面，更怀念那种真正意义上的绿色食品。

2008年4月12日

父亲的老白汰

金俊英

“阿囡，老白汰做好了，啥辰光回转来拿，我已装好两大瓮……”每年一过冬至，父亲就会打电话催我们回家去拿他亲手酿制的老白汰，他知道女婿最爱喝自家酿制的纯米酒。

父亲种了一辈子田，尤其喜欢种糯稻。至今七十多岁了，兴趣依然不减当年。如今生活条件好了，可家里的承包田他一块都舍不得让掉，连那些坑头坑脑、零碎的田块也要嵌种些萝卜青菜。我们常常劝他，让他把田转让一些给别人种，但他总说："做惯了，不干活要生病的。"水稻是他每年必种的农作物，并且始终不忘还要种上一两分田的糯稻。

每年秋收后，场上晒满稻谷。父亲总是指着晒场边上的一角说："你们看，这些是糯稻谷，等轧好糯米，又可以做老白汰了。"父亲布满皱纹且黝黑的脸庞上漾满了期待和幸福。

糯稻轧好后，父亲就迫不及待地准备酿造老白汰。他把家里的那只大缸洗得干干净净，用来蒸粢饭的竹蒸笼、拌粢饭的大竹匾也早早地洗净晾干。

记得小时候，爷爷每年都要做老白汰。他酿制的老白汰在村里是最有名的，他也因此常被邀请到别人家去当酿酒老师傅。这手艺后来就传到我父亲和我大伯手里了，我们也就年年有了这口福可享。

爷爷在世时，酿制老白汰是一年当中相当隆重的一件事。开酿之前，爷爷会选择一个黄道吉日，虔诚祈求一年的辛苦能化成甜美的甘酿。当大灶点燃柴火时，爷爷会把我们一群小孩赶到外面，他不允许我们在灶屋间聒噪，是怕惊扰了“酒神仙子”吧。但我还是非常好奇，从门缝里偷偷往里看。灶膛前，父亲的脸被柴火映得通红通红；灶上的蒸笼叠得老高老高；空气中氤氲着一层朦朦胧胧的雾气。不久，灶间就飘逸出一阵阵糯米饭的香气。香气弥漫到屋外场上，把场上玩耍的孩子都吸引过来，大家馋得口水直流。

冒着热气的粢饭倒在一个大竹匾里，爷爷把酒药球一个个碾碎，碾成粉末状，和粢饭混在一起。那时，父亲身强体壮，只见他把袖子挽到胳膊肘上面，用力细心地揉搓着，让每一颗晶莹的米粒都沾上了酒药的粉末。我觉得父亲的力气是最大的，整整一竹匾粢饭揉搓完后，父亲虽是满头大汗，却仍显得轻松自如。

而今，父亲的背已微驼，也不再如年轻时那样力大如牛，每次酿酒，他都要叫上大伯做助手，两个老人要一起合作才能完成酿酒这项“浩大工程”。

沾上酒药的糯米粢饭就要入缸了。水和米的比例配制可是项技术活，多一分则嫌淡，少一分则嫌浓。父亲是得到爷爷真传的，这项手艺也已达到炉火纯青的地步。缸里的粢饭需抹平，中间挖一个圆形的坑，然后缸边裹上厚厚的棉被，盖上草编的盖子，这酿酒的技术活才算大功告成！

酵母菌喜欢江南这种绵长而又并不凛冽的寒冷。在酒药的作用下，它们蠢蠢欲动，把糯米的精华不断逼出体外，直至全部掏空。一两天后，放着酒缸的屋子里开始溢出香味，嘴馋的孩子就会缠着大人要喝，开缸的第一碗酒是甘甜的，小孩子也能乘机喝上几口，煞煞馋虫。但大人不舍得让我们多喝，每人只准喝上一口，之后酒缸又被盖得严严实实——大人们要让酵母菌们继续在里面安安心心地工作和游走。

十多天后，酵母菌们的使命差不多完成了，父亲掀开酒缸盖，屋子里一下子就弥散开酒香。这时，你就是不喝，只需深深吸上一口气，就已经够陶醉了。“莫笑农家腊酒浑”，刚出缸的酒是浑浊的，但如若让这些酒在坛子、瓦瓮里静静地待上十天半个月，就会变得清冽甘醇。我想，当年王母娘娘蟠桃盛宴上的玉液琼浆也不过如此吧。

母亲特地从村头小店里要来了两个小口大肚皮的瓦瓮，新酿的老白汰装了满满两瓮。父母在电话那头盼着我们早日回家呢。我们平日里工作忙，不常回家。而每年接到回家拿酒的电话后，我们夫妇俩就必定会带上下酒菜肴回去。父母和儿孙们团团围坐在一起，美美地喝着新酿的老白汰。此时，父亲手端酒碗，老白汰还没喝呢，却早已醉眼蒙胧。

老白汰的醇香酒味，已经和父亲的舐犊之爱混合在一起，未沾舌尖，已入心间。瞧着父亲的醉态，我们做儿女的早已分不清哪是酒醉，哪是情怀。

2015年1月10日

家乡的肉松

王小峰

九岁那年，我离开了家乡太仓，在北京一待就是十四年。我从小是由外婆带大的，外婆老了，不能常来北京看我，这使我常常思念外婆，也许这是我思念家乡的一个缘由。而贯穿这一思乡之情的“道具”是太仓肉松。

常有家乡的人来到北京，来到我家。他们来总是带几盒肉松作见面之礼。母亲便每天拿出一小碟来，很省地吃着，而我常常乘父母不在时，到碗橱里偷偷捏一小把塞进嘴里，那滋味儿，香香的，鲜鲜的，松嫩可口，带着一股子诱惑感。肉松好吃，却不能常吃到。从此，我就盼着常有家乡的人到北京来……每当吃到肉松，我便不由得想起太仓和太仓的外婆。

后来，外婆终于到北京来了，照例带了些肉松来，我便欢呼雀跃起来。到了晚上，父母邀请了在北京的几个同乡来家里，桌子上照例摆着一碟肉松，高高地堆得像座小山，居于桌子正中。同乡相聚，话题当然离不开家乡太仓，也只有乡情才能把此刻的情绪缠绕在一起。彼此的话语不多，都凝视着那碟丝毫未动的肉松。我那时还小，很想吃，但大人们不动筷，我又怎敢先吃？我不解，为什么他们光看不吃呢？难道他们不想吃吗？正纳闷着，听见母亲小声抽噎，眼中噙着泪水，同乡的大人们也都陷入了沉思。我顿时想起了“举头望明月，低头思故乡”的佳句，现在这明月是否可比那盘黄澄澄的肉松呢？……席散了，那盘肉松照样未动。父母亲也照例每人再送上两盒肉松，让友人带着它，带着一丝浓浓的乡情而去。

过了几年，忽然有一天晚上，母亲手里拿了好几盒肉松

太仓牌
肉松

回来。我疑惑不解，是家乡的人又来了吗？母亲告诉我，这是从商店里买来的。我简直不敢相信，在这相隔千里的首都，也能买到家乡的肉松了？于是，在我们的饭桌上常常多了一小碟肉松。父亲有时还把肉松作为节日礼物送给同事和朋友。起初他们都是“尝尝看”的态度，后来不少人竟都吃太仓肉松上了瘾。

现在，我回到故乡太仓工作，有些人问我，好好的首都不待，为啥要回来？我笑言：“我要吃肉松，就回来啦！”其实，这里面，有着一种深深的、说不透的感情，这种感情，没有离开过家乡的人是体会不到的。

1996年9月18日

“进贡糟油”的来历

刘根林

太仓糟油，又称“五香糟油”，是一种别具风味的调味品，是江南一带的著名特产。古《太仓州志》称其“色味佳胜，他邑所无”，其风味独特，具有提鲜解腥、增进食欲、久藏不败、越陈越香的特色。红烧清炖，冷拌热炒，荤素菜肴皆宜。那么为什么太仓糟油又称“进贡糟油”呢？

史料记载，太仓糟油创始于清道光年间，迄今已有160余年历史，最早创制糟油的店名叫“老意诚”。当时太仓是一个直隶州，管辖镇洋、崇明、嘉定、宝山四个县，每三年有两次文武考试，各地举子云集太仓应考。考毕均购买太仓特产糟油，携回自食或赠送亲友。在晚清时期，曾任河南巡抚的太仓人钱调甫，将糟油送给李鸿章，李鸿章又将其呈献给慈禧太后。慈禧太后可是个“美食家”，她品尝后赞不绝口，称之为“绝味”，非常爱吃，甚至还时常作为酒饮，并特地派专员到太仓采购糟油。从此，“老意诚”店中就挂出了“进贡糟油”的金字招牌，太仓糟油声名远扬，常被用作官礼，在民间更是成为家常必备的调味品了。

1996年9月27日

太师饼的得名（民间故事）

王耀坤口述　王大经整理

话说明朝万历年间，太仓出了个丞相王锡爵，后来他年岁大了，告老回乡，人称王太师。一天，他年轻时的一位邻居前来找他，说：“老太师，您做了丞相回来，荣耀极了。我伲，开了几十年的鸿发糕饼店，却日脚至今不发。你能不能帮帮我，让我也小富一下？”王太师道：“可以，可以！”那乡邻十分高兴，恭恭敬敬地将自己精心特制的一盒饼子送给王太师。王太师也不推辞，吩咐家人收下。

许多乡绅、官僚到王锡爵家来拜访，王锡爵唤家人取出那盒饼来，发给每人一个。因为这饼是做给太师吃的，用料特别讲究，味道特别鲜美，大家吃得津津有味，连连称好。有两个人问太师这饼是在哪里买的。王太师答："在隔壁鸿发糕饼店买的。"又补上一句："我特别喜欢吃这个饼！"

太师说的这句话，这些人回去一宣传，那还了得！以后，凡是来看望王锡爵的人，都要到鸿发糕饼店去买很多太师喜欢吃的饼来孝敬他。鸿发糕饼店自此生意好得不得了，日夜做也供不应求。再说王太师家，几天下来，收到的饼就多得没处放，哪里吃得了！于是，王太师就把做饼的乡邻叫来，吩咐道："快把我家中的饼搬回你店中去吧！以后人家送给我，我再回赠给你，你还可以多赚些钱！"

不久，王太师的这位乡邻就发财了，而鸿发糕饼店做的饼呢，也因此得了"太师饼"的美称。

2000年4月15日

红枣情

陆耀明

战友回老家过年，回来送我一袋红枣。

捧着那承载着战友深情、颗颗滚圆硕大的红枣，我的思绪飞向了那曾孕育过它们的土地。

战友的老家在遥远的鲁西北平原，那是流淌着“母亲河”的一片沃土。听战友说，因为气候适宜、人们勤劳，加上黄河水的滋润，他家乡的枣树不但结果多，而且品质上乘。最著名的当属乐陵金丝小枣和庆云无核枣等。还有一种用优质茌平圆铃大枣和东阿阿胶、白砂糖一起精制而成的阿胶金丝蜜枣，吃起来甘甜可口，有滋补健身、延年益寿的功效，享有“一天吃仨枣，百岁不见老”的美誉。

大凡美物，人们总要将其作为传递情感的载体，红枣也不例外。古时候，红枣曾作为贡品被进献给皇帝。多少年来，百姓人家也经常用红枣来表达他们的亲情、爱情和友情。在革命战争年代，子弟兵奔赴前线或凯旋时，乡亲们在村头递茶送水的同时，还要抓上一把红枣塞进战士们的兜里。此刻，红枣又承载着多么深厚的鱼水深情啊！

醇厚甘甜、沁人心脾的枣香，又勾起了我童年时与枣有关的一些往事。

儿时，村东头苏奶奶家的院里长有一棵枣树。当满树的枣儿长到橄榄大小的时候，引起了我们几个小顽童的注意。我们天天隔着篱笆，盯着枣儿咽口水。“这小果一定很好吃！”我们在一块儿嘀咕。“院内有狗呢。”一位小伙伴提醒说。“馋嘴”居然也能激发智慧！有位小伙伴想出了用逮知了的长竹竿“套枣”的妙计。当确认苏奶奶不在家后，我们把竹竿伸进篱笆，套住了小枣，就在大功即将告成的时候，那条机警的大黄狗从一只倒扣着的破缸底下狂叫着冲了过来。“谁呀？”苏奶奶也从窗户里向外张望。我们顿时吓得魂飞魄散，扔下竹竿，落荒而逃。傍晚，苏奶奶给我家送来了一箩红枣。这是我初次享受到红枣情。

稍大点时，我无意中发现爸爸吃的中药里面有几枚红枣，馋嘴的我抓起来就吃。大姐看到后用手指在我额头轻轻一戳，训斥道：“这是药，不能吃。”我争辩说：“这是枣，能吃。”是枣？是药？只有天知道。大姐在无奈之下答应我，等煎完药，这枣才能归我。就这样，爸爸吃了一星期中药，我则欢天喜地地吃了七天“药枣”。

还有一次，父母在过年前买了好几包红枣，准备分送给爷爷奶奶和外公外婆，我看到后吵着要吃。父母说：“这是送给长辈的年礼，小孩子不能吃。”那时，我不懂“年礼”的含义，只知道那是不能吃的枣子。

而今，战友送的红枣我却又舍不得吃。我一边慢慢品味着那带有齐鲁大地泥土芬芳的枣香，一边细细体会着这浓浓的战友之情!

有机会，我一定要去枣子的故乡看看。

2003年8月5日

茅草屋里的账单

宋祖荫

江海雄奇，水天一色。三鲜佳肴，尽在美味之中。说到时兴的自然游，就是生态休闲旅游。如今无论什么名目的游，不外乎就是吃、住、行、游、购、娱等，而这些旅游要素中，吃是关键的一环，应排在第一位。但吃什么？怎样吃？吃的环境又如何？这里面也是大有学问的。

当然，吃有各自的吃法。倘若想要品尝江鲜、海鲜、河鲜，不妨走进“江尾海头第一镇”。那里是典型的江南水乡，河网纵横，是江海河三鲜的集聚地，也是太仓沿江、沿沪的千年古镇。放眼浏河渔港码头，船出船进，通江达海，连空气中都弥漫着海鲜味。

太仓浏河，坐拥长江口，远接海洋，距上海仅一步之遥。600多年前，航海家郑和在此集聚船队，扬帆出海。大自然的恩赐与造化，赋予了浏河这片宝地丰富的资源。此处区位独特，地盘不大，却盛产海带鱼货。临江接沪，交通便捷，是长江口版图上镶嵌的一颗璀璨明珠。上海人一直把浏河看作自家宅院的“后花园”。

民以食为天，这里打出“江海河三鲜”美食品牌，成为众多城里人似潮水般涌来的理由。古镇内外，餐馆密布。镇上的人说，光说餐饮饭店，大大小小，不下百来家。今年的生意格外好，家家盈门，户户爆棚，有时一顿还要翻上几次台。

艳阳三月，我们有幸来到长江堤岸一个名叫渔家湾的地方，它其实是一个园林式的江畔餐馆。它面朝长江，背靠江堤，令人心潮涌动。放眼堤内腹地，四周金色的油菜花一片连一片。星罗棋布的农家小楼矗立在黄绿色块相间的田野，颇为壮观。

像这样夺人眼球的休闲养生的地方，古镇上还有多处。临河的，水中的，农家的……尽管风格迥异，规模不等，可处处都是曲径通幽，可谓洞天福地。它们打出的都是“渔家牌”“生态牌”之类，还有自己独特的招牌菜、拿手绝活，乃至看家本事。于是，我们想起了休闲旅游，那心境是何等重要！吃，不仅是食物、佐料与烹调手艺的完美结合，还需要营造一个好的美食环境与氛围。当今人们生活水平提高了，朋友小聚、外出旅游图的是一番高兴的心境。求新、求奇、求异，是人们追求的美食口感。难怪“弹丸之地”的浏河，餐馆林林总总，生意红红火火。据介绍，今年以来，镇上三产服务业的地方税收竟超过了二产制造业，这在太仓还是头一回。繁荣的餐饮业为此立下赫赫功劳。

出渔家湾不远处的农田旁，有个水产养殖基地，经过疏理整修，增添了些许农耕生态味，成了一道亮丽的风景线。经浏河当地人一番游说，我们了解到这里似乎更别具特色，名唤“茅草屋”。越是原始，越是土著，也许越有文化风味。于是在向导的引领下，我们几个文人相约探寻，一头钻进了茅草屋。

其实所谓的茅草屋是个不大的饭庄，是一个本土水产养殖户开的。远远望去，一排屋顶上铺满稻草，格外惹眼，有种“稻作文化”的味道。搭建在鱼塘上的几间房屋，能摆上七八桌。庄主自称此地为“世外桃源”，集餐饮、垂钓、品茗于一身，屋面上盖的茅草是特意请当地上了岁数的老农做的。饭庄还没有正式开张，我们来到这里尝鲜，可谓先品为快。原汁原味的农耕文化体验，图的就是一种别样的感觉。

那天中午，我们在此小聚一场，庄主非常热情。荤的有自家散养的鸡鸭，还有塘里的各种河鲜、水产品。素的有田间种植的蔬菜，几乎都是自产自销。经过农家厨师的精心烹制，格外芳香、可口。几位文人触景生情，不时聊起童年的往事。兴致正浓时，叫来庄主，再添上儿时赤脚下河摸过的螺蛳。片刻后，一盘鲜嫩的螺蛳端上桌，顿时香味四溢，引来一片啧啧称道声。

八个冷碟，十菜一汤。一顿饭的工夫，庄主与我们渐渐混熟了，几乎无话不说。他叫我们猜猜他茅草屋菜品的“行情”，买个心里“账单”。文人就是文人，对这些逢场作戏的事，特别地较真。领头的拿来纸条，让每人无记名开个价，写个数。一圈收下来，最高的与最低的，竟相差一倍以上。有个算是经常进出星级饭店的文人食客，开出的菜价老高老高，大有讨庄主欢喜之嫌疑，成为友人们的众矢之的。在旁的庄主见后，一个劲地笑，报出的菜价令人出乎意料，一桌人异口同声地嚷道：“合算！合算！值！”我想，也许庄主还正在试营业，试行情吧？无论今后生意怎样，只要饭店坚守诚信，物美价廉，何愁远方的客人不慕名而来？

兴致勃勃，兴趣浓浓。茅草屋里的账单或许会成为我们这次畅游浏河传诵的一段佳话，也是浏河美食文化挡不住的魅力所在。田园风光，江海风韵，古镇风情，厚重文化底蕴的浏河给世人留下了太多的东西。不仅有牡丹园、园花园山庄，还有天妃宫、郑和纪念馆，以及阅兵台、吴健雄墓园、梅花草堂等。赏心悦目之余，在浏河还可尽情地品尝美味佳肴。

徜徉于长江堤岸，行走在明清古街。渐热渐朗的浏河旅游，打破了小镇往日的宁静，让小镇变得热闹沸腾。时尚的对接，时空的转换，江堤上归来、古街头走来的游客，吃是必不可少的。“走，吃饭去！”只见游客们手一挥。多一些“渔家湾”，也多一些“茅草屋”，期待着开发富有浏河特色的美食文化。对于不同需求的游客，可端出不同风味的佳肴盛宴。开心地来，满意地归，让天南海北的游客各得其所。

食之味，味之鲜，尽在江海河三鲜。历史久远，世代传承创新。今朝三鲜的金字招牌花落浏河，乃名副其实，众望所归。

2009年7月6日

河　蚌

冯鼎元

河蚌祖辈居住于河底，乃本埠土著居民。

人站立河边，持铁搭往河里一扒拉，说不准能扒拉上一两只河蚌来。它们行动缓慢，反应迟钝，极容易捕捉。

蚌肉味美，营养丰富。冬春时节，菜场有河蚌卖。一碗葱炒蚌肉端上餐桌，热腾腾，香喷喷，十分诱人。尝一尝，啧啧，风味独特。

然而，有人却道，蚌与姜同煮，一定“碰僵”。可笑！蚌肉寒，生姜热，蚌姜搭配，除腥去寒，负负得正，堪称黄金搭档。那不叫“碰僵”，而是“强强合作”！

但确实有人食用蚌肉之后腹痛如绞。鄙人便是。那倒真的是“碰僵”了。但不是蚌、姜的过错，而是饕哥我口福浅薄，无缘享受美味佳肴。其实，世间许多事之所以“碰僵”，要么是因为方法不妥，要么是因为动机不纯，原因大都在于主观方面。

蚌肉不易烧酥倒是事实。但也无妨，有法可解：煮前将蚌舌——那处硬而厚实的肌肉捣烂，便有望烧得酥烂些。

河蚌堪称自力更生的典范。有谁见过给野生河蚌喂食的？又有谁听见过河蚌发牢骚的？都没有吧。河蚌们在河底的市场经济大潮中，自由觅食，自给自足，畅快淋漓。尤为突出的，是住房问题自行解决。它们不啃老辈一丝一毫的积蓄，不贷银行一分一厘的钱款，自行筹建一居室。那屋小是小了点，却也够住。且看它的两扇防盗门，黑漆色，扁圆形，美观大方，入得诗画。防盗门一经闭合，严丝合缝，滴水不漏，十分坚固。小鱼小虾非请概莫能入。便是渔夫刽子手，也得执利刃下狠劲、巧劲，方可剖开蚌壳大门。

河蚌是软体动物，浑身没长一根骨头，但它不缺铮铮骨气。遥想当年，易水河边，河蚌正在晒太阳，享受日光浴，却遭鹬鸟偷袭。那贼鸟啄向它美白的胴体。河蚌立刻“还以颜色”：“蚌合而钳其喙”，紧紧关闭黑漆大门，把入侵之敌死死夹住，使它不得脱身。尽管结果是蚌鸟同归渔夫之手。然而，河蚌虽死犹生：它不畏强敌，敢于抵抗，这便是它的骨气与血性。我想“鹬蚌相争”这一成语作如是品读，可多一层启迪。

河蚌有化腐朽为神奇的本事。别以为它埋没于污泥，不长进，没出息。它的理想纯洁高尚得很。它能孕育光彩夺目的珍珠。人工育珠，便是把蚌壳剖开，在壳内植入杂物，种上个小核。日后便能收获珍珠。河蚌劳动筋骨，苦砺心志，经受磨难，最终修成正果——孕育出硕大漂亮的珍珠来。若是见到小河或池塘里有一根根竹竿或木棍直挺挺地伸出水面，那竹竿或木棍底下必定放养着育珠的河蚌。渔民说，给河蚌壳边钻个小孔，系上细绳，一头拴住竹竿或木棍，养育的河蚌就无法逃脱了。那根系着河蚌的绳索，另一头连接着养殖户的钱包。日后，养蚌人正是通过牵线捞蚌、剖壳、取珠，勤劳致富的。

苦难的经历是财富。经受磨砺，接受挑战，锲而不舍，必有收获。河蚌育珠的经验委实可资借鉴。

河蚌体量不大，名头却不小。即便是小儿亦知其名。常见软弱的孩子，被人一碰就哭，玩伴便要取笑他：“一碰就哭，‘蚌壳精’！”成年人也不例外。譬如，包馄饨包到最后，馅不够了。末尾几张馄饨皮子只好稍微碰些肉馅应付，主妇便调侃是“蚌肉馅”馄饨——尽拿河蚌开涮，它们却是小事装糊涂，宽容、退让。人若如此，还有什么矛盾无法化解？

其实，蚌壳也曾为农家立下过汗马功劳。昔日，农民种地尚无化肥可施，庄稼一枝花，全靠自然肥料好当家。生产队里的老弱病残社员，重活干不了，捉鸡屎积肥之类小活却足以胜任。于是，拾一个蚌壳，壳边上钻两个小眼，另挑小竹竿一头劈开，夹住蚌壳，以细铁丝穿眼把两者绑紧固定，一把轻巧耐用的捉鸡屎铲子便大功告成。那时，养鸡兴散放，村边宅旁鸡屎随处可见。但遇鸡屎现身，拾粪者手持扫帚将其往蚌壳铲子里轻轻一掸，鸡屎一捉一个准。

河蚌可谓鞠躬尽瘁。

2015年2月7日

鳙之美在头

龚志明

鳙鱼、鲢鱼、青鱼、草鱼是我国人工饲养的四大家鱼，已有一千多年的养殖历史。鲢鱼又称白鲢、鲢子，也叫白鱼，明《嘉靖太仓州志》载：“鲢，版身肉白味美者，曰白鲢。似白鲢而头大黄色者，曰黄鲢，又名金色鲢。”白鲢全身白鳞，性情较急躁，极易受惊跳跃。鳙鱼又称花鲢，太仓人称之为胖头鱼，清《嘉庆直隶太仓州志》载：“鳙，即花鲢，俗呼胖头。”花鲢身上有淡黑色斑点，性情较温和，行动迟缓。

白鲢和花鲢相比，花鲢比较好吃。花鲢肉质细嫩，软糯鲜香。白鲢则肉质较粗，略显松散，口感淡而无味，有时还带有土腥气，而且鲜味不如花鲢。喜欢吃花鲢的人比较多，因此花鲢的价格往往会比白鲢高。

白鲢和花鲢的吃法基本相同。太仓人一般以红烧、红焖、糖醋及油炸等方法烹调，但更多以白烩、炖汤的方法制作。可整尾入烹，也可切块、切段。两者不同的是，白鲢口感比花鲢差，且细刺比较多，常被用来做鱼丸。花鲢和白鲢的鱼头都很大，但是花鲢的头更大些。而且，花鲢头富含胶质、脂肪，所以可单独成菜，但以拆骨烹制为最佳，最好配以豆腐、粉皮、粉丝，鱼头炖萝卜、鱼头豆腐汤、鱼头粉皮汤等是太仓人喜欢的家常做法。一鱼两吃是最佳的吃法，买一条大一点的花鲢，鱼头用来烧汤，其余的切块红烧。烧鱼块，也一直为人们所喜爱，还被《太仓县志》记为传统菜。

花鲢鱼头炖萝卜，鱼头的味道更鲜美。将花鲢鱼头洗净后，用刀劈成两半。可以选脆嫩的水白萝卜，去皮洗净后斜切成块，入沸水锅中焯一下，捞出。锅中油烧至八成热，放入鲢鱼头煎至两面微黄时，加入料酒、清水淹没鱼头，再放入葱、姜、酱油、盐和白糖，用旺火烧沸后撇去浮沫，改用小火烧至八成熟，再放入萝卜块，炖至萝卜酥烂时，撒入胡椒粉和青蒜末，出锅以砂锅或大碗盛装即可。此菜酱红稠浓，肉质肥嫩，滋味鲜美。

花鲢鱼头粉皮汤，也是道营养丰富、味道鲜美的家常菜，而且制作简单。用鱼来做汤，都需要先经过油煎，煎过的鱼头加上水，熬出雪白的汤，加上嫩滑的粉皮，味道特别鲜美。鱼头还可与豆腐一起炖。鱼头和豆腐搭配在一起吃是非常有利于营养吸收的，而且做出来的汤味道鲜美，香而不腻。鱼头豆腐汤，不仅可以暖身健脑，还可以使人皮肤润泽细腻。清代袁枚《随园食单》中有鲢鱼豆腐的做法：“用大连鱼煎熟，加豆腐，喷酱水、葱、酒滚之，俟汤色半红起锅，其头味尤美。”

花鲢鱼头菜中，最有名的是天目湖砂锅鱼头。天目湖水质优良、无污染，为花鲢的生长提供了良好的环境。创始人朱顺才，从20世纪70年代开始创制，几十年如一日对技艺传承创新、反复试验、精益求精，使这道名不见经传的菜肴风行全国。二十多年前，我在天目湖宾馆品尝过由朱顺才大师亲手烹制的一锅鱼头。掀开锅盖，只见乳白色的鱼汤中沉浮着一只大鱼头，一股浓浓的鲜香味扑鼻而来。我迫不及待地搛起鱼眼边软绵绵的鱼云，入口软糯黏滑，鲜美无比。洁白滑嫩的鱼脑，取一匙羹放到嘴里，一吸而入，顺喉而下。晶莹剔透的头骨裙，柔中有脆，味美可口。鲜香肥嫩的鳍根肉，是我最喜欢吃的东西。鲜而不腥、肥而不腻、汤色乳白、原汁原味，是天目湖砂锅鱼头的特点。

花鲢的精华在于头。花鲢鱼头中含有氨基乙磺酸，具有维持视神经功能，防治视力衰退的效果。它还含有丰富的DHA、人体自身难以合成的不饱和脂肪酸、氨基酸，以及增强人类记忆的微量元素，可以补充大脑养分，预防记忆力下降。此外，它还含有丰富的胶原蛋白，有延缓衰老的功效。

国人早就爱吃花鲢鱼头。明代《鱼品》一书中说鲢鱼

“大者头多腴，为上味”。李时珍也在《本草纲目》中赞美道：“鲢之美在腹，鳙之美在头。”

2019年10月26日